中国科普大奖图书典藏书系

树　王

——我的山野朋友

刘先平 著

中国盲文出版社

湖北科学技术出版社

图书在版编目（CIP）数据

树王：我的山野朋友：大字版 / 刘先平著. —北京：中国盲文出版社，2019.12

（中国科普大奖图书典藏书系）

ISBN 978-7-5002-9135-0

I. ①树… II. ①刘… III. ①植物—普及读物 IV. ①Q94-49

中国版本图书馆 CIP 数据核字（2019）第 140927 号

树王——我的山野朋友

著　　者：刘先平
责任编辑：贺世民
出版发行：中国盲文出版社
社　　址：北京市西城区太平街甲 6 号
邮政编码：100050
印　　刷：东港股份有限公司
经　　销：新华书店
开　　本：787×1092　1/16
字　　数：139 千字
印　　张：14.5
版　　次：2019 年 12 月第 1 版　2019 年 12 月第 1 次印刷
书　　号：ISBN 978-7-5002-9135-0/Q·99
定　　价：39.00 元
编辑热线：（010）83190266
销售服务热线：（010）83190297　83190289　83190292

解读树王长寿密码

天鹅的故乡

救救胡杨林

解读树王长寿密码

银杉王

当人们发现那化石尚未被历史凝固，在地球上的某一天，突然发现它依然鲜活，依然蓬蓬勃勃地生长着，那是怎样的一种兴奋和喜悦！

地质年代是以千万年来计算的，化石记载着地质的历史。它与我们的时空差距实在太遥远了；因而对于化石的解读，必须穿越时空隧道。

当人们发现那化石尚未被历史凝固，在地球上的某一天，突然发现它依然鲜活，依然蓬蓬勃勃地生长着，那是怎样的一种兴奋和喜悦！

2000年11月，我们踏上了寻访活化石银杉之路。这不是一次穿越时空隧道的旅行，而是一次穿越时空隧道的探险。

松科植物中的水杉和银杉被称为活化石植物。

震惊世界的水杉的发现是20世纪40年代的事。如今，我们在南方旅行，已能常常见到它美丽的身影。

水杉树干挺拔，绿冠如伞，其叶羽状。春天，它新叶嫩黄；夏天，满树碧绿；秋天，渐染，羽叶一片金光灿烂！一年三变，多姿多彩！

水杉被广为栽培，成了园林、造林的树种，成为观赏植物，是中国植物学家的贡献！

与发现水杉的时间相隔并不久远——十多年后，中国的植物学家又发现了第三纪的孑遗植物：活化石——银杉！

这个曾经在欧亚大陆生存的物种经历了地球史上最严酷的干旱、冰川之后，人们以为它已经消失。谁也不曾料到在中国这块神奇的土地上依然有它雄伟的身姿！

继水杉之后，银杉的发现再一次震惊了世界！

从此，鲜为人知的广西东北的花坪成了圣地，银杉就生活在那里。

银杉现世之后，我国的植物学家相继在贵州、湖南、四川以及广西的大瑶山又发现了它的踪迹。岛状的分布，相距又是那样的远，是什么原因？

统计银杉是以株来计算的，我国四省的现存数也只不过数千株。这也就是全世界的现存量。足见其珍贵、稀有！

我们行程的第一目的地是大瑶山，真正的银杉王就生活在那里的丛林中。

到达金秀瑶族自治县已近傍晚。县城在峰峦叠嶂的山谷中，一条清亮的小河在城区蜿蜒，使得这座美丽的小城具有了灵气。

瑶族是个大家庭，曾分为盘瑶、茶山瑶、山子瑶……据保护区一位朋友说，曾有美国的瑶族同胞来访，相谈之中竟无须翻译，因为他们的语言是相通的。日本、越南的瑶族与我国盘瑶的语言、风俗也是相通的。这在民族地理学方面的确是非常有意思的。

晚上，经朋友指点，我们去观赏了瑶族同胞的歌舞表演。节目中有"上刀山""过火海"。在云南傈僳族、景颇族等少数民族的节目中也有相同的表演。这是否从一个侧面反映了他们之间的联系？也是在这次晚会上，我们才看到了瑶族的服饰。

一夜之间，老天变脸了，早晨就下起了小雨，但我和徐工、李老师等人还是出发了。车在山谷中穿行，从这个山谷迂回到另一山谷。

虽然已是 11 月的天气，雨中的大瑶山依然满山滴翠。红叶、金叶点缀其间，使得山川多了几分色彩，勾勒出了丰富的层次。

大瑶山刚好在北亚热带向南亚热带过渡的地段，雨量充沛，这造就了它的生物多样性。据考察报告，这里有高等植物 2335 种，属于国家保护的濒危珍稀植物有 31 种；野生动物有 372 种，属国家保护的有十多种。大瑶山自然保护区的面积只占广西总面积的 0.88%，却占有着全省植物种类的 39%、鸟类的 1/3、两栖爬行类动物的 60%。珍贵的鳄蜥就生活在这里。

途中，主人领我们去看了一棵杉木王。据说在门头乡还有一棵胸径为 1.58 米的杉木王。它虽不及贵州习水的杉木王高大粗壮，但仍不失为一方之王，伟岸的躯干展示了无限的风姿。

有股奇特又有些熟悉的香味飘来。徐工指了指山坡上的林子。这片林子的树冠如伞，枝叶繁茂，不难看出有人工精细的养护。

我看了看徐工，他却笑着说："自己去发现吧！"

上了山坡，香味渐浓，难道是它散发出来的？我摘了一片树叶闻了闻，确是它的香味。樟树的叶子也有股香味，但从香型和树形都能确定它绝不是樟树。

正在枝头搜寻时，突然发现树上有花、有果。花是白色的小朵，但花蕊却艳红。那果是青色的，成角状，像是一个个不规则的菱形的拼凑。我猛然醒悟：

"是八角？"

"对！这大名鼎鼎的八角，谁家厨房中不备有它呢？然而就是这常见、常闻的香料，怎么到了跟前反而不认识了？也难怪，我们那里没有此物。"

李老师在惊奇中问了一连串的问题。徐工原来就不善言谈，这时更不知该先回答哪一个问题了。

我笑了，说："你别难为他了。还是先看看这树上的花、果有什么特点吧。"

李老师很快有了发现：同一棵树上，有盛开的花，也有才打蕾的，有的花已谢并结了小果；果有幼果，也有大果……

"难道它一年四季都结果？"

我说："看样子是的。这些幼果大约要到明年才成熟。"

徐工点头。

成熟的八角摘下后，先用开水烫，然后再晾干，其颜色才成为常见的酱色。近来，也有人用树叶蒸馏，制取八角油。八角还是一种药用植物，具有止咳等功效。随着人们对八角的认识逐渐深入，它的经济价值也不断上涨，收购时的青八角已是八九元一斤。

徐工说这里还有一种特产香料植物：灵香草。可我们在附近没有找到。

到达了银杉王管理站，又开始下雨了，且渐渐大了起来。待到雨稍小，我说还是登山吧。

管理站在一个小山谷中，为大山和天然林环绕。虽然有一条小路，但它在茂密的树林中，很不显眼，且弯弯曲曲，布满青苔。

正在艰难行进中，青苔上有一炸开的果实：外壳如绣金色，内壳则鲜红得耀眼，果仁金黄。李老师将它放在掌心，看着如花的容颜，真是爱不释手。

徐工说："是伯乐树的种子。"

"和相马的伯乐有关系吗？"

徐工摇了摇头。

李老师的发现带来了一连串的稀奇：树干的色彩——布满了各种苔藓的红楣树，如披了件蓑衣的大汉；头巾杜鹃、羊角杜鹃的树干为紫砂色，不知名的苔藓和菌类植物，如彩色的画笔，狂放地在那上面泼洒，于是形成了各种图案，很似野兽派画家的作品……面对着这些色彩斑斓、构图奇绝的印在树干上的图画，你想象的翅膀会顿然飞起……

大自然的杰作引动了我们的奇想：为五光十色的树干留影，将来一定能集中出一册"天画"！

一串鸟鸣声骤然响彻了山谷。不久，另一岭头也有鸟声相和，婉转多变。乍一听，像是画眉，细细体味，却与画眉有别，想来也是鹛类王国中的一位高手。

一记沉闷的枪声在森林深处响起，鸟鸣声戛然而止。

我们面面相觑。这是保护区啊！

在来管理站的路上，隐藏在树丛中的一辆摩托车就曾引起我们的各种猜测。保护区还生存着鹧鸪、二三种雉类、竹鸡，都是偷猎者的目标。

在这一段路上，20米的距离内，我已发现有十几个树种，有荷木、甜槠、红苞木、白花含笑……因为和杜鹃的特殊缘分，我对四五种乔木类的杜鹃格外注意。保护站的向导说，要是春天来这里，就像是在花海里浮沉了。

鸟鸣声又在山谷里响起，雨也渐渐停了。我们都已走得浑身大汗，正想休息时，左前方的岭上又传来枪声。

保护站的向导立即闪进了森林：

"我去看看。反正徐工认识路。"

徐工说，过去，这里的年轻男子出门总要背支枪。现在土制猎枪大部分都已上交了，但总还是有些心怀叵测的人私留了下来。

拐过一个山弯，路渐陡峭，林子也更加茂密。

忽然眼前一亮，这里似乎开了个天窗：一片湛蓝的天空，隐约映出松科树的虬枝、针叶，如一幅铁画。天也有情，太阳出来了。我们紧走几步，又一路小跑。

啊！赭红色的粗壮树干从山岩上矗立而出，如云片般的树冠弥漫起银色的雾霭。在视野中，还有着另一种针叶树，但我已从它弥漫的银色光芒中猜出它就是银杉王！

我跑了上去，喘着粗气，伸开双臂抱住了它，心里涨满了喜悦与激情，就像见到了一位从未晤面但已心交很久的朋友！

想想吧，它来自千万年之久的自然，比人类早了千万年生于地球；它穿越了千万年时空，保留了千万年来宇宙的信息、生命的内涵。

我紧紧地贴着它，倾听着它对生命的演讲……

赭红色的树干上印有无数的白色的印记，我不知道那是图案或文字，或许是另一种象形字……

我久久地去辨认，希冀找到解读的途径……一会儿似乎读通了一点，一会儿又似乎走入迷茫……

其实，它的存在，它的矗立的雄姿，它的虬枝，它那如云的树冠，已是内涵丰富的形象展示！

难得阳光为我们灿烂，把山谷中的森林、山岭上的森林，以及在浓淡不一的绿海中的红叶、闪耀金光的枝头……织成了自然锦绣。

在银杉王身旁有四五株长苞冷杉、铁杉。在前方的悬崖边也有一棵银杉，其旁还有一棵，显然是银杉王的子孙，

雄伟的银杉树

它们共同组成了一个群落。

而在千万年之前的第三纪，你生存在怎样的一个植物世界？因为只有你和为数不多的植物被传留下来了，其他都已从地球上灭绝，或者演变成其他植物……

一群四五只绿嘴红尾的小鸟叽叽喳喳地从右前方的山岭越过山谷上空，向我们这边飞来。我们没有再听到枪声。

保护区的谭主任说，1986 年在这里考察五针松时发现一棵特殊的松科树的幼苗，很似银杉。经过与银杉的对比，确认了是银杉。但它为何只有一棵幼苗呢？这棵幼苗的种子是从哪里来的？

那些天，大家既兴奋又焦急，成天在山岭上的森林中寻找。终于找到了它的母树，那是一棵高大的银杉。这就可以确定：在大瑶山有着银杉的分布。大瑶山距桂东北的花坪还有着上千里的路，为何这里也有分布？而且这里银杉生长的海拔比花坪要低。

多次考察后共找到了 219 株，分布在 11 个小的区域。最喜人的，是发现了银杉王！

这棵银杉高 31 米，胸径 87 厘米。比花坪的高，比花坪的粗。林学家们是以树木胸径的大小划定树王的。

综合考察队曾在这片大山勘察过，却没有发现它。因为这里的森林太茂密了，树种繁多，银杉又是上层树种。

李老师在忙着拍照片。阳光时而被云层遮挡，且此处又较陡险，要寻找到一个好的角度，实在太难！

不知什么时候，徐工在银杉旁边一处山崖下打转转，左看右瞅，且不时蹲下又站起。他发现了什么宝贝？

是一棵像野菜的植物，叶碧绿，有些像海棠的叶子，叶脉鼓突。我似乎在什么地方见过相似的植物……他要我将边上的杂草扒开，拍了两张照片。

徐工喜爱摄影，拍过很多优秀的野生生物的照片，有些是很难得的。这是他从事自然保护工作的享受。

李老师也走过来了，问他这叫什么。

我对徐工摇了摇手，说："让我想想……是不是叫'苣苔'？"

徐工很惊奇："不错，它就是'瑶山苣苔'，是大瑶山的特有种。你怎么认识？"

记得是和植物分类学家吴诚和在黄山考察时，他教我认识的。记忆中它的花形像长筒状，既粗又长，很有点像洗澡花。吴诚和说它学名叫"粗筒苣苔"，产于浙江和皖南一带，属于稀有植物。

"这棵有花！"

李老师常有意外发现，听我说有花，她真的就找到了开花的瑶山苣苔，只是它的花朵不大。徐工很高兴，忙不迭地从不同的角度拍了四五张照片。

天又开始阴沉了，阳光只给了我们两个小时的光景，但已够我们高兴的了。

大瑶山不仅是丰富的动植物世界，而且是众多小河的发源地。保护这里的森林，也就保护了周围 7 个县市的水源。保护区有一条标语非常生动："森林是水库！"

因而，大瑶山自然保护区的管委会由周围七个县市的政府负责人组成，由自治区政府协调。各县按用水情况（受益情况）交纳费用，用于保护区的管理和建设。

这是我国自然保护区中一种较为成功的管理模式！

在探索了瑶山鳄蜥的栖息地之后，我们又紧张地赶往桂东北的花坪。

快出金秀县时，徐工特意领着我们去看七建皆村的古樟树群。路旁一古樟的树干上已被榕树的气根爬满。从一侧面看，这些气根恰似一张面孔，狰狞恐怖，张牙舞爪——它正妄想绞杀这棵古樟！

只见到远处浓郁的古樟树冠，但在阡陌的田野中，不知该走哪条路。经过多次询问，我们才迂回地来到了村中。

最大的两棵巨樟，树根连在一起，但却相距数米，各撑起一片绿云。其胸径有 2.5 米，树高 30 多米。当有七八百年的历史。

村民见我们又是拍照，又是摄像，主动前来介绍、领路。他们说，这些樟树是祖先栽下的，管着这片风水，润泽子孙。先人曾留下这样的名言：樟树茂，人丁兴；樟树枯，灾难临。

不说别的，仅是村里的蚊虫、菜地里的虫害，就因有这些樟树而少得多！村里已制定了保护古樟的村民公约。

皆村连绵有 500 多米长，古樟群落也就沿着村落生长，它们已融为一体，这是一幅人与自然和谐相处、共存共荣的景象……

这是我见过的最大、最为壮观的古樟树群落。

车转入大道未行多久，眼前突然出现无数的石峰。它们与在桂东北看到的熔岩地貌不同，全是拔地而起的石山。在广阔的平原地带，它们显出了另一种姿态和风韵。

在荔浦吃中饭，荔浦的芋头不可不尝。它确实有一股醇香，只有亲口吃过道地的荔浦芋头，才能体味到它难以言明的鲜美。

过阳朔时，路两旁摆满了金黄的柿子和青黄色的柚子。眼下正是收获的季节，因为要赶路，我们只是匆匆每样买了一点。

从桂林到花坪，整整开了一天的车。有段路在修，尘土飞扬。在龙胜，主人希望我们能留下，去温泉小憩，那里有几条大鲵，最大者有十多千克重。另有龙脊梯田——山势如龙脊，梯田如鳞，构成了特殊含义的画面——也是风景胜地。

我担心天气有变，又急切地想见到花坪的银杉，于是说："等回程时再看吧！"

花坪自然保护区管理局在山上，那里正在搞基建。因为常有来瞻仰银杉的游客，山谷中建了几幢木屋，眼下正是淡季，于是我们就住进了木屋中。

木屋下的山谷似漏斗一般，晚霞将山野幻化成一层彩雾。右下方有一瀑布，水雾中不时有彩虹架起。

正在欣赏晚霞的变幻，李老师要我看她的发现——

"顺着那银练的闪动，对，对，有段被树遮住了。3点钟方向，水流又出来了。就在那个弯的上方，靠我们这边，看到没有？大树上挂了个东西……像灯笼一样……"

是的，看到了，真是意外的发现。不过，真有她的，居然说像只大灯笼？

"是牛蜂窝！大牛蜂的巢！我可是曾吃过这些大牛蜂的苦头呢。"

真的，我已多年没看到这样巨大的牛蜂巢了。我们连忙取来了照相机，忙不迭地往沟谷中走去。没有找到路。管它哩！脚走过去不就是路？估计一下，也不过就是五六百米的距离吧！

在山谷上方看，到达树那边应不太困难，可一进入丛莽，完全不是那回事了。荆棘很多，多到如一堵篱笆，根本无法通行，只得再迂回找路。走了一会儿，又有巨石挡道……

我突然止步了，山野的光线已起了变化：如火的晚霞正在变为绛色，犹如一团火正在熄灭。

李老师也明白了我为何止步，连忙端起照相机。其实，距离太远了，不会有好的效果。我安慰她明天再来吧。

刚往回走，已听到山岭上小刘在呼叫，我连忙答应。

走着走着，天色就昏暗下来。山谷中的傍晚是短暂的，太阳一下就掉了下去，只有高空的天还是明亮的。

小刘直埋怨我们不该在这深山中独自行动：这里有毒蛇、有野兽，再说也很容易迷路。

我们只是傻笑着，就像顽皮了一次得到快乐后的孩子，任凭大人怎么数说。

11 月的花坪，已很有了凉意。晚上，在木屋的凉台上，我请同行的小刘和林业局的罗局长喝茶。茶叶是我带来的黄山毛峰。罗局长已切除了半叶肺，但这次执意要同行，说是很久未看到银杉了，还真想念哩！小刘是个胖小伙子，他从事保护工作已有些年头了，但还未见过银杉王。

两口醇厚的茶喝下后，他们都赞叹黄山毛峰犹如一股暖流穿肠过肚，回味微甜，生津止渴。我请他们说说当年发现银杉的故事。

那是 20 世纪 50 年代的事。

1954 年，钟济新教授带领广西农学院林学系的学生在暑期中去临桂县实习，发现了一片天然林。经初步考察，林中保留了较好的原始性。这给钟教授留下了深刻的印象。

1955 年初，钟教授利用寒假，带领了华南植物研究所和广西分所的 7 名科研人员再次来到这片原始森林。在考察中，他发现这里峰峦叠嶂，地形复杂，形成了众多的特殊生境；植物种类繁多，植被类型复杂，是较为典型的亚热带常绿阔叶林，同时又有亚热带山地落叶林。在高山地区还有山顶矮林。有着明显的垂直分布带。他们还发现了一些珍贵的树种。初步勘查的结果显示，原始森林面积较大，地跨两个县。

在结束了 1 个多月的考察工作后，钟教授怀着激动的心情给华南植物研究所所长陈焕镛教授和学术委员会写了一封热情洋溢的信，建议组织力量进行大规模的考察。

陈焕镛教授迅速作出了答复。于是，在这年的 4 月，钟济新、何椿年教授带领了由华南植物研究所、广西分所以及中山大学生物系组成的考察队，第三次进入这片原始森林。

一位考察队员采集到一种奇特的裸子植物，它生活在海拔 1300 米左右的山岩上。

钟教授具有丰富的野外考察经验，对广西的植物世界又有着较深的研究。

这棵奇特的植物具有松科植物的一般特征，但与已知的这一科各属的树种都有着明显的区别，确实是从未见过的。凭着科学家的敏感，他猜想可能是个新种。

科学是严谨的，一个新种的确定的道路是艰难而漫长的。为了证明自己的猜想，钟教授在 1956 年春天四进这片原始森林，翻过一座又一座山岭，穿过一条又一条的山谷。经过无数次的寻觅，他终于摸清了这种奇特植物的基本情况，最为重要的是采到了它的完整的标本。

钟教授将标本整理好之后，寄给了著名的植物分类学家陈焕镛。

陈教授与中国植物研究所匡可任教授共同鉴定了标本。结果是令人兴奋的：这种植物只在第三纪欧亚大陆的化石中有发现。它不仅是一个新种、是第三纪的孑遗植物，且现今只在中国发现。因其叶表面为绿色，而背面是银色，定名为"银杉"。

银杉的发现震惊了世界，这不仅仅是一个新的物种的发现，更大的意义在于它的发现的过程，是一个新的生命的发现。

是生命对生命的追求。

风在山谷中掀起波澜，树叶的哗哗声，惊起夜鸟扑棱起翅膀。我们都沉浸在故事中没有说到、需要用想象来补充的情节中……

夜里被雨声惊醒，山区的气候多变。早晨推开窗户，山谷满溢乳雾，小鸟的鸣叫，显得那样的遥远……

在雾蒙蒙、雨蒙蒙中，我们出发了。沿着山间小路疾行，向深山峻岭处去瞻仰世界著名的银杉王。

朦胧有朦胧的意境，树上不断落下水滴，枝叶发出噼啪声，森林和大山融为了一体……

一阵大风吹过，雾向远方飘去，树的绿叶衬托出花的色彩明丽。

右边出现了银荷、米锥。它们高大、粗壮。保护区的杨主任指着一棵叶如鸭脚形的树，问李老师可认得。这是五加皮，小有名气，可当地老乡都叫它"鸭脚木"。

森林茂密，路不好走，也就多了谈话的机会。罗局长兴致很高，发出感叹："这棵杉木已长得这样粗！这棵银鹊要保护好啊……"大约是大病之后，多了一分对生命的关爱。

拐过一个山弯，世界突然亮堂了，太阳已经冲破了薄云。左面一个偌大的山坡上，全是荒草，只有一两米高的长着硕大叶子的泡桐，它们长得茂盛。看样子这里原是垦荒地。

杨主任说，别看现在这些紫花泡桐长得好，四五年后会死去的。因为那时它们正需要大量的水分，而这是个旱坡。

由此，他谈到了这几年的观察，说是原来林间有些庄稼地，猴子、熊、灵猫、獐子……都喜欢到庄稼地里偷食。老百姓说野兽多，前几年不准在保护区内种庄稼了，幼树又还未长起来，野兽反而少了。这是什么道理？

最有意思的是，山里小溪小河的鱼很多。过去，老百姓常进山用茶饼撒进河溪捕鱼，收获颇丰。这两年禁止用茶饼毒鱼，嗨，河溪里的鱼反而少而又少了。这是什么原因？

就以鱼来说吧，我揣摩，茶饼毒鱼，同时也消灭了对鱼有害的生物，起了消毒作用，有利于鱼儿生长？

小刘说："生态学上有这样的说法，生态环境的多样化，有利于野生动物的生存、繁盛。你说的这些很有意义，是保护区应该研究的重要课题。有人说：保护和利用是双刃剑，其实应该能很好统一的。杨主任，希望你就研究这个题目，把课题设计一下报来，想办法给你争取一些经费。"

兴趣广泛的话题，引来了一路的讨论。直到走过了这片荒坡，山路陡险了，才只顾得小心翼翼地上坡下坎了。

内江管理站在密林中，绿茵茵的竹海，掩映了一条潺潺的小河。我们已走了二三个小时了。杨主任说："前面要爬山，路也险，还是在此休息一下吧！"

我担心天气有变，只在火塘边喝了点水，就催促着上路。

出了管理站就爬山。林子更密了，小道上铺满了落叶，色泽枯槁，厚厚的一层。又下起小雨，路显得很滑。

鸟多了起来，羽毛花哨的啄木鸟笃笃声不断。灰林即鸟、噪鹛，还有些不知名的小鸟，都在唱着，飞起、落下。从这些鸟鸣声判断，这里海拔在千米左右。鸟在山区也有垂直分布的情况。银杉王在海拔一千三百米左右，也就是说还要爬二三百米的山路。

小刘是个胖子，登山需要付出更多的体力，渐渐落后了。罗局长虽然喘着粗气，却总想走到前面，时时告诉李老师：那是青冈栎，这是罗浮栲，那是大穗鹅耳枥，这是安息香……丰富多彩的森林世界，常常使我们忘记了对天气的担忧；趴在岩石上，眺望着群山的起伏，古树参天的雄伟……

艰难地登上了山口。杨主任说："到了！"

山口实际上是一悬崖，前面是峰拥峦嶂，大有一览众山小的感觉，只是在右边，有崖错落，可以下探。

我要李老师跟在后面，顺着崖边的石缝往下走。走一段，再回过身来扶她下来。她的摄影包很是累赘，让她赶快给我。下了有七八步的光景，回头接她时，突然有白光耀了一下眼。待到她下来后，我再抬头：

啊！杜鹃花，一树白色的盛开的杜鹃花！那花朵如银色的号角，对着群山吹响！

11月，在花坪，在银杉王的附近，有一树灿烂的杜鹃花，真是喜出望外！

　　我和杜鹃花有着特殊的缘分，这在拙作《圆梦大树杜鹃王》中已有表述。但这确实是我第一次在 11 月看到盛开的杜鹃花！

　　它是变色杜鹃，上午花色雪白，下午开始变色，直至红艳！

　　阵阵的云雾，时时掩去眼前的一切，我们必须格外小心谨慎，若一失足，那就……

　　下到稍平缓的岩上——其实是巨岩的顶上——我们有机会看风景了。眼前有五针松、青冈栎、栲树，远处还有似是铁杉的身影。可是，银杉在哪里？找来找去，就是不见银杉的身影。

　　正在焦急之时，忽听崖下有人在喊，听声音是杨主任。他什么时候潜到悬崖下方的？难道有路？

　　找到了，在左边的石缝中。

　　我拉着李老师慢慢从石缝处往下探，风卷着云雾从头顶掠过，幸好石缝中有几棵小树，可以攀着借力。

　　下了一程后，云淡了，显出右下方一片针叶树冠。我靠在岩上搜寻，发现了叶呈条状形的树冠。那叶不像铁杉、五针松的细针形，而是窄窄的带子样的条状形，枝条遒劲，连忙指给李老师看：

　　"在那里，银杉王！"

　　"对，树干是赭红色的。肯定是它！"

　　按捺着激动的心情，慢慢地下到稍平的崖上……

　　天真有情，云雾渐散，已露出片片蓝天。我们在野外探险，最少有五六次这样的经历：出发下雨，途中下雨，但到了目的地，老天总是能给一个笑脸。是我们感动了上苍，还是上苍对我们的眷顾？

花坪的银杉王屹立在险峰，一干通天。枝如铁，冠如云，古朴苍劲，犹如一位神采奕奕的历史老人，俯视着千山万壑、茫茫林海。

这是一个历经千万年沧桑的生命，对于历史的俯视，对于芸芸众生的俯视！

到达它的身旁，向上看去，银光闪耀在蓝天、白云中，使它具有了明亮的光环！

杨主任向我们招手。他在一株银杉的幼树旁，指着那叶：绿色，有三四毫米宽，很似罗汉松的叶片；翻开背面，银灰色，且有两条气孔。

我们知道，当年考察时，正是这一最为显著的特点，吸引了一位考察队员，使他采集了标本；也正是这一显著特点，让钟教授兴奋不已。

生命的形态，总是生命本质的反映！

这就是钟济新前后历经 3 年，几十位考察队员忍受着种种艰难困苦，走遍这处原始森林，寻找到的千万年之前、第三纪的孑遗植物——银杉！

在第三纪时，欧亚大陆不乏它的身影。为何在其他地方经不住严酷的第三纪的干旱、第四纪的冰川而消亡，却唯独仍在这里生存、繁衍呢？

结论只有一个：因为中国的土地神圣！

陇南杨王

"老虎为王，独来独往；狐狸才需成群结队。有'狐群狗党'的成语，却没有'虎群豹党'的说法。"

青海高原的 8 月，正是繁荣的季节，紫红的野葱花，黄金的马先蒿，傲慢的点地梅，蓝莹莹的龙胆⋯⋯高山花卉，开得灿烂辉煌；就连雪山中的溶水，也铮铮响亮，垫状植物更是争分夺秒，刻画生命的年轮⋯⋯

昨晚才从鸟岛回到西宁，今早又出西宁，往循化撒拉族自治县奔去——在黄河边有号称西北西双版纳的孟达自然保护区。那里物种丰富，隐藏着杨树王。

刚出西宁，"司长"小石就自我介绍——喜欢在山野闯荡，喜爱摄影，常年在玉树、格尔木、西宁之间来回，甚至还独自驾车从青海往西藏、川西直达云南⋯⋯于是，我们自然地成了朋友，车厢内成了流动的探险交流会——

成千上万的藏羚羊，携儿带女，在高原荒漠，浩浩荡荡地迁徙；

蓝马鸡群在森林中嬉戏、争偶；

黄河源扎陵湖岛上的白唇鹿，夏季怎样游水渡河，冬季又怎样从冰上向外游荡；

雪豹攻击时的速度、策略；

岩羊聪明绝顶的周旋；

长江源格拉丹东壮丽的日出；

……

这些画面，都在他描述中，生动地展现在我们眼前……到了一个小镇，我提醒他，有了岔路。他说走石峡吧！路在万仞高山相夹中，虽然陡一些，但峡中景色奇绝，悬崖上有红山、红城、红堡……造型别致，鬼斧神工……求都求不得的事，司长却自告奋勇……还未等我表态，李老师已很兴奋：

"听你的！今天一切听你安排。"

我和李老师天南海北走过很多地方，印象中是她第一次这样信任司长。小石对西部大漠的深情，十分感人。

小石只从车窗问了一下过路客，就潇洒地将方向盘一打，拐向左边公路。再接上讲狩猎岩羊的故事……

车开始盘山了。山原的色彩与江南的四五月风景有很多相似，油菜花已谢，绿荚壳正在变色，麦穗垂头、晒黄。

落雨了，没有朦胧的云、柔柔的风；雨，仍是高原的性格，下得很粗犷，水流带着泥土、碎石从崖上往路面上泻下。我有意将话题转向路途的艰难，小石已理会我很担心塌方，出险。

"没事！比起玉树那边，这算好路。这样稀松的雨，有啥危险？"

我只好简短地说了在川西行车时，几次遇险的情况。惊心动魄的经历，对他多少有了影响；再看我和李老师都沉默，他也就专心驾车了。没行多远，就见山崖塌下的石堆，挤得车路窄窄，路下是陡壁……他瞅了瞅，猛踩油门向前冲去。真让人捏把汗。

直到翻越了险岭，到达山下，雨住了，天空也亮堂起来，他才慢慢拾起话头，说已到化隆县了，这里主要是回族和藏族同胞。话锋一转，谈到了我们的目的地循化县，说那里的撒拉族信奉伊斯兰教，是几世纪之前从中东骑着骆驼，经过浩瀚的沙漠、无边的戈壁，一直向着升起的太阳行进，直到看见白骆驼，化作一泓甘泉，跋涉的队伍才停下脚步。至今，还在圣地白骆泉建有教堂，保留着古老的民风民俗……

正说得热烈时，忽见前面路口有栏杆。小石仍是老姿态，从车窗口问拦路客：

"咋的？"

"你们到哪里？"

"过石峡去循化！"

"大雨冲断了路。已好几天不通车了！"

小石只愣了片刻，很洒脱很优雅地一打方向盘，掉转车头，风驰电掣般沿着原路往回开。不知是否对我们解嘲，咕噜了声：

"也就多跑 70 公里!"

于是，他又热烈地谈起西部地区的种种奇闻、奇遇。翻过险岭，又回到岔路口小镇。他正埋怨起为何这里不竖牌子告示石峡路断时，路旁就立了牌子睹眼，告示去循化不能经石峡。李老师和我不禁哈哈大笑；小石眨巴眨巴眼，旋即也豪爽地大笑起来……

天放晴了，无尽的荒漠、山原，更感路途的悠长……

直到下午两点多钟，前面出现浓阴，车子进入绿色隧道，林中现出平房。不久，有了街道、顶着黑纱头巾行走的妇女、浓眉深眼窝正玩耍的孩子……小石似是恍然大悟：这不是已到了循化县城了吗？你们认识认识，他们就是撒拉族兄弟。

保护区管理局铁将军把门，小石才想起是星期天，而我们又误了相约的时间。几经进出，四处打听，仍不得要领，已是饥肠辘辘，我说先去吃饭吧。小石不焦不躁，索性抱起胳膊，慢慢踱起步子，像是在酝酿惊人的杰作。

正在彷徨之际，有辆破旧的吉普车从院内开出，到了我们车前。小石迎了上去，未听清他说什么，但那辆车却飞快地开走了。又等了漫长的半个多小时，那车终于回来了，从车中走出一位身材高大、戴顶白色小圆帽、浓眉下两眼炯炯的撒拉族汉子。

小石说："这是保护区的马师傅。"然后，转过身来说："马师傅，我这就回去了，也要到夜里才能回到西宁。明天还要出远门，后面的事就是你的了。"

事情有点突然，小石看到我迷惘的神色，才说："孟达保护区还有二十多公里，马师傅送你们去。他们的马局长也在那边。"

李老师和小石珍重道别，相约回西宁时，还要听他说那些冒险的故事。

马师傅刚发动起车子，就唱起了《花儿》，好像那是进行曲或必不可少的伴奏。《花儿》是青海盛行的民歌，风格上与陕北的信天游有相通之处；虽然无法听懂每句的歌词，但还是感觉出是在抒发对于爱情的向往……

刚出县城，左边出现一条大河，黄水滚滚。

啊，黄河！中华民族的母亲河！

她从青海起步，浩浩荡荡，迂回曲折，直奔大海。

我们神情一振，睁大了眼睛，希望能将她深深印入脑际……

"我们跟着她走！"

《花儿》歌声戛然而止。唱歌并未影响马师傅对我们的观察。

果然，黄河拐了个弯，向北流去。经过梨园，马师傅停车，一定要我们尝尝这里的梨。梨如鸭梨形，但肉质细腻、鲜嫩、甘甜，没有一丝渣滓。再行车时，鸽群在前方盘旋，羽色特殊，马师傅说那是野鸽，它们一直在前面领路。不久，果然又见掉在谷底的黄河，路在右岸山崖逶迤，与我们一同上、下、向前。

两岸高山万仞，山形险峻，山色黄褐，相峙相望，最宽处只不过七八十米。猝然悟出，何以此处地名，多冠以峡；也可以说，"峡"字即源于此种地貌。在崖上观黄河，黄河掉在深深的谷底，时而壮阔，时而如线。大水长年累月冲击，岸也尤为多变。

马师傅说，这里所产黄河石，最为名贵。前两年枯水断流时，每天车辆云集，蜂拥争采黄河石……直说得喜爱奇石的李老师，跃跃欲试。我告诉她，天色不早，赶路要紧，这样崎岖的路，这样叮叮当当的旧吉普车，还是尽量不要行夜车。

前方山顶上有石，形如骆驼。马师傅停车，对李老师说：

"你下车照相吧！"

说得我们面面相觑，好精明的人！他是从与她形影不离的摄影包看出的。我被前方黄河奇景吸引——深深的峡谷中，巨石犬牙交错，水流似遁入底层。想看个究竟，迎着呼啸的风，正向崖边攀去。

"风太大，危险。转个弯，才能看清。那是有名的峡口。"

看似只倾心于唱《花儿》和开车；其实，我们的一切行动，甚至连心里想什么，都未逃过他的眼睛。

确实只拐了一个山嘴，深峡中的黄河断断续续，右岸有四五巨石向左岸伸去。有一巨石伸得特别远，似是站在那里，可以一蹴跃过黄河。

"……跳峡。"

"虎跳峡?"风很大,未能听清。

"那在云南,是长江上游。这是狐,狐狸的狐,狐—跳—峡!"

我看着黄河在乱石中翻滚,正在琢磨,狐虎的区别。他很得意地向我眨眨眼:

"老虎为王,独来独往;狐狸才需成群结队。有'狐群狗党'的成语,却没有'虎群豹党'的说法。"

说得我愣愣的,接着是捧腹哈哈大笑!是的,再看右岸的四五巨石,真如一群狡狐争先恐后跳跃!其中哲理,还真够咀嚼的。警句、警言,启发人智慧。他对动物界的了解,另有独到之处。

又沿河谷转了几道弯,山谷豁朗,天广地宽,绿荫闪亮。有塬如城堡屹立岸边,塬上馒头柳风姿绰约,为这黄褐色的山峰,黄沌沌的水流,平添了耀目的光彩。缓坡上羊群白花花如云。

"这就是孟达。"

在孟达一巷口,他将车停下:

"去我家喝口茶。"

"你家在这里?"

"我们撒拉人有一支,很早就来这里安家落户了。"

不巧得很,他的女儿和小朋友去黄河边了。我们欣赏着门楣、窗格、屋檐处精美的木雕。他说,撒拉人喜爱音乐、歌唱、雕刻。回到循化时,将领我们去看更为精美、恢宏的民居木雕。一棵核桃树从邻院伸来一枝,遮了半个院落，枝上青青的核桃缀满枝头。这里的桃核很有名气，壳薄，肉厚。还说有棵核桃树王，已有三四百年的历史了……

原以为已到保护区，谁知还要赶路。在一山溪流入黄河处，车向深山驶去，风中飘来阵阵带有辛辣的香味。不久，出现了满树缀满红艳小粒果实的花椒树，顿使我怀念起川西花椒林，想起雨夜翻越二郎山的种种惊险……

忽见林木葱茏，满山暗黑的针叶林。这是我们第一次看到在青海高原有这样茂密的森林，它与戈壁、荒原、绵延不绝的黄土相比，形成了反差极大的景观。

"到了。我的车没本事上山，你们得靠它们了！"

顺着他的指示，林子旁有一群骡子。

马师傅蹲在地上，写了张条子，交给了一位中年妇女：

"你负责把他们送到天池。再让天池的人送他们去帐篷。"回过头来，对我们说，"过两天我来接你们。一定用撒拉语唱《花儿》，再走一遭黄河！"

我们很舍不得他这样匆匆而去。是的，一路上都在请他用撒拉语唱《花儿》，可他说要留点新节目给下一次，就像美酒不能一次喝完。

小石和马师傅都是性情中人，给了我们很多智慧。我长年在山野中跋涉，结识的司机朋友，不下三四十人，性格各异，和探险生活有着各种各样的瓜葛，很早就萌起写一本《司长录》的念头。今天的两位，更燃起了我的写作激情。

但马师傅并未立即就走，他帮助把行李驮到骡背。李老师虽然在草原上骑过马，骑过牦牛，但现在一会儿看看那似马似驴的骡子，又瞅瞅即将要攀登的险峻的山道，踌躇又踌躇。马师傅说：

"人之所以创造骡子，就是因为它比马乖，比驴子劲大……"

话未落音，李老师已踏上脚镫，翻身骑到骡背上。

他笑得很天真。直到我们已登上山路，才挥手，并大声说了句撒拉语，那意思是"安拉保佑你。"

在黄河边，红日蓝天，可此时却飘起细雨。树林稠密，多是针叶树华山松和青杆，间杂着桦树、杨树。路崎岖异常，在林子中曲折，忽起忽落。上坡时，得紧紧抱着骡脖子，否则就得滚落下来。牵骡子的男孩管中年妇女叫"嫂嫂"。嫂嫂时时回头想拉上他一把。男孩拒绝。李老师更为不安，几次要下来换那男孩骑上骡子。男孩急了：

"我今年 16 岁了。嫂嫂总把我当小孩。你不信？上鬼见愁时，再看吧！"

我提醒李老师放松些，缰绳不要多拉，它们是熟路；腿不要夹得太紧，否则明天不能爬山了。她似乎是轻松些了，但只那么一小会儿。骡子正往陡坡上爬。

坡很陡，总有六七十度；土层薄，露出嶙峋的岩石。骡子艰难地选择落脚处，稍有差池，即刻打滑。男孩说：

"嫂子，你等我上去后，下来接你。"

嫂子站住。证明了男孩的权威。

男孩跟在骡子身后，在最陡处，它突然蹄下打滑，惊得李老师哎哟一声。正在骡子往下滑退、踉跄，眼看就要跌下时，他迅速用肩顶住骡子。那骡子随即有机会调整了步伐，往上一耸，上了陡崖。我在后面也惊出一身汗来……

到达天池，李老师将所带的应急干粮、饮料，全都送给了男孩——不，应称他小青年。嫂子脸上堆满了幸福、骄傲的笑容。

雨中天池迷蒙，深卧在山谷中。我们乘船，到达对岸，天也近黑。四五顶帐篷散落在林中。多日来，我们在大漠、戈壁中跋涉，现在置身于青山绿水之中，确有桃源寻踪的感觉。

我们的帐篷在林中的最深处。马局长也是撒拉族人。胖胖的圆脸，脂肪的堆集，使他失却了马师傅具有的撒拉人的特征。他用手抓羊肉招待我们。我们早已是前胸贴后背了，更感到羊肉的鲜美，直吃得感到满身都是油腻，这才罢休。

帐篷为蒙古包，我们两人住，显得很宽敞。只是没有热水洗涮，感到有些不便。老马他们离去后，雨似乎特别大。但雨滴声有些不对劲儿，出来一看，发现蒙古包顶铺了一层塑料布防水，是它夸大了雨滴声。

醒来雨还未止。天色微明，两只小鸟在林中鸣叫；花楸、鹿蹄草、藤山柳……雨滴如玉，在绿叶上晃动，在红花上闪亮，平添出秀灵、生动的情调。迎面的一棵红脉忍冬，鲜红的果实被雨滴包裹，晶莹剔透，淡绿的叶子银光闪烁……

帐篷离天池约有 30 米，湖上一片烟雨，大山静静环立，浓浓的云层在山脊飞驰，却感不到风的拂动。四周似是仍在甜美的梦中。

孟达被称作青海的西双版纳，是因为以青海所处的气候带与自然地理说，此处物种丰富，据初步考察，有植物 30 科，296 属，500 多种。有巴山冷杉、小叶朴、啤酒花、落新妇等 40 多种，是青海其他林区根本不存在的植物。从植物区系说，热带区系有木姜子等九属植物在此生长……凡此种种，引起了植物学家的惊叹。从已观察到的植物种类和葱郁的森林，我们感到这是片神奇的地方。

9 点了，仍不见人影。其余几顶帐篷都是静悄悄的。难道昨夜都渡过天池，去往他处？我去侦察一番，听到帐篷中鼾声四起。怪了，在这荒僻的地方，当然没有什么"不夜的森林"。去厨房看看吧，那里只有一个小伙子睡眼惺忪，似是刚起来小解，很不耐烦地回答，说是昨晚喝酒，直到天亮才散。

已是 10 点了。雨住了，天色也开朗起来，仍不见有人走动。我和李老师商量，决定乘此时上山，虽然没有向导，但我已观察了地形，栖身的帐篷，实际上是在一条大山谷中。再说，曾看过这里的资料，没有大型的凶猛动物，我俩也不是第一次单独在野外考察。

出帐篷后，沿一条小路向右，到达山谷边。以山野的经验，这里应有路，果然找到登山的道。未走几百米，林相有了明显的特点：以针叶青杆为建群树种，雨后的红桦有着特殊的风韵，阔叶的栎树、杨树间杂其中，林下有各种草本植物和小灌木拥挤着。文冠果的果实，形状很可爱。

李老师发现左边山崖上，有棵巨大的青杆，树干上布满了深厚的绿苔，说明林中湿度较大。目测其胸径接近一米，并不高，与胸围有些不成比例。我们都觉得它有些怪怪的，但因为林子密，光线较暗，又有段距离，看不出个所以然，何况青杆树型原本就很奇特哩！

往深处走，发现几乎是所有大树都较怪异，多数在一米二三处长出了数根枝干，却没有主干。主干哪里去了？是什么样的生态环境迫使它们如此生长？

又发现了一棵华山松，也是在一米多高处，长出了五根枝干，仍然没有主干。华山松又名五针松，一般的松树其叶多为两针。它也是昨天骑骡子登山处的优势树种，因为急于赶路，尚未看清那里的华山松是否也都是这种形态。

我曾走过很多植物区系，不同地理、气候带的森林，还从来没见到过这种奇奇怪怪的情况，身边又无向导，只好揣着个闷葫芦。这倒也更激起我们探索的热情……

走着，走着，我想起在热带雨林中，第一次见到藤竹时的感受。竹，素以高风亮节，刚直不阿博得赞誉。然而，雨林中的竹，却俯首折节，柔曲迂回地生长，甚至攀附大树，竟如藤蔓一样。我不禁惊讶，简直是不可思议。但只有这样，它才能获取阳光。非如此，它就无法生存。这是环境的迫使。同样，在海南岛的中和，我亲眼见到了刺竹，长得矮矮的、一蓬一蓬的，竹上有尖锐的棘刺，后来在苏轼写于流放地的诗词中，读到了对刺竹的描绘。植物学家揭开了我心中的疑团：为了适应干旱沙地的生境，竹也只好长出刺来，减少水的蒸发量，保存生命的甘泉。

青杆、华山松、栎树，也是因为要适应这里的环境？但并没有发现水、土、热……有什么非同寻常的情况。如果说特殊，就特殊在这里是青海高原，水、土、热的条件较好，才繁育了丰富的物种，生物的多样……

右前方的森林，突然亮堂起来，吸引我们向那边走去。跨过了几个小水氹、水沟，又越过一道矮坡，出现了一棵奇形巨树——

树基干如一伏卧骆驼，盘桓朋硕。生出七八支干，似峰，像角，或直、或斜、或扭曲。周围形成一片偌大的空地，好像是其他的树木，都退避三舍。

是杨树，难道它就是陇南杨树王？

是它！肯定是它！我和李老师张开手臂一试，只能环其一角，以此推算，应有六七人才能将其环绕，它的树围应有近10米。生于上部的枝干，最粗的直径也只不过七八十厘米。凡此种种，树龄应有五六百年，而其支干，却只有四五十年的生长史！

我见过很多的杨树：大叶杨、小叶杨、白杨、黑杨……在新疆的北屯杨树保护区，几乎看到了我国所有的杨树树种；但却是第一次见到如此巨大、如此奇形的杨树。

陇南杨王

在西宁时，朋友告诉我，这棵杨树，俗称青杨，学名应是陇南杨。

它和刚发现的青杆、华山松、栎树一样，是在基干1米多处失却了主干。细细考察，谜底揭开了：主干是被砍伐掉的，虽然已经过了几百年的变化，但截断面的痕迹明显。从累累的刀痕、锯印判断，它的刀斧之灾，频频降临，也就是说，主干被伐后，侧枝长到一定的粗壮，再次被伐。只是近四五十年，才免却了灾祸。

它生命的根，却深深地扎进了大地。在遭受挫折时，没有沮丧，没有颓废；而是蓄积力量，用新的枝叶，新的生命，奋勇地张扬胜利，张扬生命的本质——创造！

它的虬结，它的扭曲，它的再生……强烈地再现了生命的顽强、百折不挠！是响彻天地的生命交响乐！

它的奇妙，在于主干被伐后，因为有了空间，侧枝改变斜向生长而直立向上，代替了主干。这种生命形态的变化，犹如隐有深奥哲理的大块文章，激人费神理解，激人产生探究的强烈欲望。

为何要伐去主干？那刀斧的痕迹，那累累的伤痕，记载的是怎样一段历史呢？

为什么青杆、华山松……也遭此同样的命运呢？

作为针叶树种的青杆，侧枝在主干失却后，能直立如主干，这也是罕见的。

我围着陇南杨树王一边看，一边思索着……李老师也不断提出种种的假设，又一个个被否定……脑子里逐渐萌生出一些念头，出现一幅幅画面……有一幅画面终于鲜明、定格——

有种"挨刀木"的树林，每棵的主干都只有一米多高，然后就没有了主干，只有这之后萌发出的直立权枝。这些留存的黑褐色的主干，能长到胸径七八十厘米。而枝干都只有杯口粗——在西双版纳，几乎每个傣族村寨，都有这样一片林子。它顽强而旺盛的生命力，它不寻常的造型，与近在咫尺的热带雨林相比，具有奇特的风景。

在寻访中，我们终于知道它是傣族人的燃料库，也即是"薪炭林"。傣族同胞伐走它的上部主干，每年还可数次再伐枝干——以此作为燃料，而这种树的萌发力强，耐烧，火旺；所以被称之为"挨刀木"。也正是用它解决了生活的问题，又保护了珍贵的热带雨林——人们惊叹傣族人朴素而又伟大的保护意识。

陇南杨树王、青杆、华山松的上部主干被伐的原因，也是如此？大约只能是被伐作燃料。

智慧在于：既取得了资源，又保护了这里的植被。在大西北，在青海，千万年来形成的生态环境是脆弱的，植被也是脆弱的。一旦失去了植被的保护，随即迅速地沦为荒漠、沙漠。我们曾在新疆看到了无数惨不忍睹的场面，如塔里木河下游垦区，由于胡杨林遭到了砍伐，失去了水源涵养，失去了森林的护卫，绿洲很快就成了沙漠！

这也是孟达被称为青海的西双版纳的原因？是森林之子的傣族同胞和大漠之子撒拉族同胞，聪明智慧，伟大的保护自然意识的相互印证……

我突然想起，前年，临离开西双版纳首府允景洪的那天，还是争取了2小时去重游曼厅。10多年前在那里参加泼水节时，曾目睹了珍贵的眼镜猴被拍卖的情景，它所受到的虐待，深深地印在脑际，常常激励我去呼吁人们保护大自然、善待动物朋友。我和李老师是步行去的，快到曼厅时，忽见路旁有棵巨树，目测其胸径，当在2米左右。浓浓的绿荫遮去了半条街，再看那叶，是典型的杨树叶，那树干也与这里的榕树相似。西双版纳虽以物种丰富而著称，但那是热带雨林，印象中尚未看到在北方随处可见的杨树。我不敢肯定了，连忙去问巨树旁的居民，他证实了确是杨树，确属稀罕，因而筑坛保护……

由此，再审视这些残缺的林木，发现了它们另一种美，另一种艰辛，另一种生活的选择……

陇南杨树王，你的年轮中，应最细腻地记载了大自然风、霜、雨、雪的变化，人类的觉醒……

香榧王

香榧果为何要历经两年才能成熟？
这是不是古老植物的一种特性？

寻找的过程，充满了起伏跌宕的乐趣。

天阴沉着，淡白的云丝在山谷中盘绕。

山路并不太陡，路被盛开的各色野花挤得时断时续，也就需要格外仔细落脚；心情却特别温馨，充满渴望——我们正在层叠不穷的武夷山寻找香榧王。据说在这片山野中生长着一棵巨大的香榧树，树龄已有四百多年！且不说别的，仅仅是观瞻一下四百多年前生于斯、四百多年来长于斯的至今依然鲜活的生命，也会惊奇、感慨，引发出无限的历史沧桑。

香榧的外表很像杉树，山民称它为野杉或榧子，是紫杉科常绿乔木。在纷繁的绿色世界中，它如何能得到人类的特别眷顾呢？

走在前面的刘初钿正左顾右盼，踌躇不前。刘工已在武夷山跋涉了数十年，是从事植物分类研究的。我正想发问，他已转身向山下走来："记错了。不在这边的山坡上。"

这也难怪，广袤错综复杂的武夷山太丰富了。前天，我很羡慕他说武夷山的植物时如数家珍：新分布种宽距兰是在哪发现的，深山含笑哪里有几棵……当时他就说：若是能清楚一半就非常好了。他以这种方式来赞叹这里植物世界的丰富。尽管如此，我们还是生出了失望。

又寻了几处山峦和密林，仍未发现香榧王的踪迹。天色已晚，细雨也飘了起来，只好返程。

工具车在山路上艰难地行驶，颠得人摇来晃去，突然，李老师喊起：

"香榧王！"

车刚停，刘工就跳下了车，返身大步：

"是这里！"

路左山坡上，挺立着几株墨绿的大树。树干粗壮挺拔，树冠如盖，特殊的线状披针形的叶形，已告诉我们它的确是香榧。

我们一路小跑奔到它们面前。香榧树分成两个小群落，低处的有五六棵，左上方略高处有三四棵。兴奋得我们又是拍照片，又是去环抱。大者，我和李老师环抱不过来，胸径总在 1 米多；小者如我这样一米八几的大汉怎么勉强也圈不住，满身黛色的树干上还寄生着苔藓和蕨类。可是，刘工却只漠然地站在一边，似是沉思又像是在琢磨什么，突然宣布：

"这是一个古香榧树群落，它的爷爷还在深山！"

愣怔的时间非常短暂，接着是提脚跟在刘工身后猛追。山石陡峭，硬石龇牙咧嘴地挡在前途，心里却有更大的喜悦，身手显得特别轻捷。

矗立在面前的这棵香榧王确有不凡的气概，独出巨石之旁，雄踞一方山崖，葱葱郁郁的树冠如云，活似一位天神凝目四方，守护山野。身后，茂密的森林，像一队忠心耿耿的大军；身前开阔，像是在检阅起伏的峰峦。那绿色的叶，显得特别深沉、丰富。唯有树下一丛芭蕉，泛着白色的耀眼的翠绿。刘工说香榧王的胸径总在 1.56 米，树高 30 多米。树龄当在 400 年左右。

"它是这片山峦、森林 400 多年的活的历史书，记载了气候、土壤、生物能量……种种的演变。"刘工说，"你们看，刚才你们看的下面的那些香榧，应是它的子孙。它和银杏有相同的称呼：'公孙树'。"他转到另一高处，要我们用望远镜看那叶背，说是有两条黄白色的气孔带。

山雨飘来，雨丝拂动，洒下的水滴又大又密……

我们问起香榧"香"字的来源。刘工说："它的果你们一定尝过，是因其果有种特殊的香味。市场上有香榧酥、加糖的香榧球、椒盐香榧。它属坚果类，春末开花，幼果绿色，呈紫褐色就成熟了，含油量很高。你们安徽太平的香榧就很有名气，有棵 300 多年的古香榧每年要结两百多斤的榧果，果香异常、难以名状……香榧木材纹理通直、硬、光滑，是造船、家具的优质材料。"

我们在雨中仰首注目，努力去读这部活的历史……

不久，我们到达了龙栖山国家级自然保护区。天不作美，连日滂沱大雨。好不容易等到云去雾散，我们终于向最边远的里山保护站进发。车刚开出两三里路就出了麻烦，只好开回修理，两小时后再出发。半路，却有人说里山的路被雨水冲断，司机不愿走了，陪同的俞汉才工程师只是看着我不作声，他有些为难。我说走到哪算哪吧！司机无奈，只好往前开。

其实，这段林区公路路况非常差，有些路段全是如斗的大石裸露，颠得胃容物往外翻涌。然而，每到一自然保护区，我总要想方设法去看望最边远的保护站。那里的条件往往是最艰苦的，荒僻之野，需要极大的勇气和坚韧，自然保护工作者才能驻守。我应向他们表示崇敬。

耳边刚响起刺耳的刹车声，我的右额已狠狠地撞上了车壁，疼得浑身一颤，连忙下车：好家伙，塌方了。路只剩下三分之二，前轮已有三分之一在路外。下面断壁如削，山谷中一条小溪似带飘逸。刚好是个拐弯处，司机看不到前面的塌方。司机坐在地下半天回不过神来，我掏出了香烟，递给他一支。他摇摇手。

这时，老俞又是只用眼睛注视我，虽然头疼得火辣辣的，但还是装出一副悠闲的吸烟状。刚好路旁有一株美枝子，满树红白相间的花朵熙熙攘攘，几只金蜂嘤嘤地飞起落下，李老师正端着照相机，精心地选择着角度拍摄。我很感激她的默契配合。

老俞见状，无奈地小声和司机说了几句。司机只得上车，将车倒回路上，继续向前。

多年的探险生活经验告诉我：机会难得，挺过了危险，往往有意想不到的收获。

车在路上蹦蹦跳跳，东摇西晃，使视野中的山川、森林时常变形，倒也有另一种乐趣。下山时，路似是悬在幽幽深谷上，心惊胆战飞驰，只有紧紧地抓住椅背。幸而，还是到达了里山管理站。有一处路确实被水冲断过，但已修好。

劈了半个山崖，才建起了管理站孤零零的房子。山间平地金贵。近年来，龙栖山不断发现华南虎的踪迹，使管理站护卫着保护区的西北大门的任务更为繁重。时间已过正午，巡山的人才逐渐回来。突然得知，在不远处的杨梅坳有棵香榧树王，在更远处还有两株古老的深山含笑。

又是一棵香榧王！

担心山里的气候多变。现在正是阳光灿烂，顾不得吃饭，立即请俞工领我们去寻香榧王。

俞工领着我们登上了山坡。一片绿荫，闪亮了眼睛。近了，才发现是十多棵柳杉组成的群落。香榧王还隐居在深山中。

杨梅坳是一片红色的奇石异崖，是因此得到这个美丽的名字？周围的森林，虽然大多是次生林，但由于保护工作的成效，长势很好。我们在石缝中迂回蜿蜒，红嘴蓝鹊尖厉的哨声忽起，循声看去——

红嘴蓝鹊美丽的长尾离开的一片竹林，隐隐现出巨大的树冠、粗壮的树干。在望远镜中，透过茂密的竹林、树林，才看到了那披针叶组成的醒目的图案——香榧！香榧王藏身在林海中。李老师顾不得嶙峋的山石、藤藤蔓蔓的攀扯，跳着、窜着，飞身往那边赶去。

我却爬到一块岩石上，静静立着，深情地行着注目礼……

深山中季节来得晚，虽是四月下旬，新绿尚未萌动，墨绿的树冠，错杂繁盛的权枝，黛色的树干——香榧王深沉苍劲！俞工说，它每年开花结果，若是秋天来，那累累的果实，会使你遐想无边！

这棵香榧王已经保护区专家测定：胸径为 1.7 米，树高 20 米，1996 年时树龄是 450 年，距今（1999 年）应是 453 年了。它比武夷山的那棵香榧王还要粗壮。高度虽不及，但人间阅历却更为长久。

这其中的奥妙在哪里？

我们努力在它身上和周围寻求线索——

香榧王在主干长到八九米处，盘出了树鼓。像是经过了长时间的思考，突然决定分成四支，犹如四位兄弟，各自发展。这是否因为它生活在密林中，身旁的各种阔叶树，竞相和它争夺有限的空间，只有蹿高，占据森林上空，才能得到更多阳光的照耀？

也许吧？你看，它的枝权与阔叶树交错，树冠的顶层，也只在森林上空冒出了稀疏的冠羽。

武夷山那棵香榧王出世就不平凡，它紧贴一方巨石脱颖而立！

为了给它摄影留念，却费了一番周折——竹林、乔木簇拥着它，李老师只能上下求索，取其最好的角度。

我们满身汗水地走出了杨梅坳，虽未见到红艳的杨梅，绿茸茸的青梅却挂满了枝头。

新的渴望油然而起，希冀着去寻访安徽太平县新明乡的那棵香榧王……

后记：

闻名遐迩的安徽太平香榧王，一直记挂在我们的心上。

2000年6月，我应邀去黄山。从黄山北门下山后，到达太平。林业局朱旭东局长和朋友们热情地要我们先去贤村，那里正在申报建立自然保护区。贤村在黄山西侧，守护着西大门。原为林场，专事采伐，后改为采育场，仍离不了"采"字。这里有着两万亩天然林。它的历史，正反映了人们对自然保护认识的提高，表明了太平主政者保护大自然，保护黄山壮丽景色的决心。

我们很受感动。贤村很美，与黟县相接。小曹是位很有见识的场长。为保护珍贵的2万亩天然林，他已开发了育苗销售业务——培育黄山地区珍贵树种幼苗，供应城市绿化——以取得经济收入，发放工资。

正是在森林中考察时，我们发现了野生黄连、竹荪、石耳……特别是找到了一个古香榧树群落。在一个小山谷的谷口，有三四棵胸径在八九十厘米的香榧树，它们与同是古老的孑遗植物的青钱柳，组成了群落。

之后，历经跋涉的艰辛，我们终于在细雨霏霏中，到达了樵山。

樵山在深山中，500 亩的香榧林，遍布山坡。我们又惊又喜，急急奔向林中。

二三百年树龄、胸径在八九十厘米的古香榧比比皆是——幼树、成树组成了完整的林相。苗圃中青绿的幼苗，更是激动人心。

我们终于找到了香榧王：树高 18.5 米，胸围 6.85 米。主干约 1 米多高，展生出 13 根侧枝，最粗者 1.65 米。冠幅占地 1 亩多。

香榧王

村里的老人说：樵山的香榧为贡榧，香味独特，含油量高，曾被指定为贡品。香榧王每年结果都有 150 千克之多。

香榧果采下后，须经过一系列复杂的加工，才能成为可口的各种香榧食品。制作的工艺，决定了商品的品质。

香榧花为黄色，很小。我们看到了枝头刚结蒂的幼果，这些幼果要到明年秋天才成熟。树上的大果，今年就可采摘。

香榧果为何要历经 2 年才能成熟？这是不是古老植物的一种特性？

⫽ 铁树王

铁树是常绿乔木，它在两亿年前的中生代与恐龙同时在植物界称霸于地球。

那是近 20 年前的事。1981 年 4 月，林业部邀请张天民、张笑天、古华和我去西双版纳访问。在领略了热带雨林的风光、参加了激动人心的泼水节之后回到昆明，他们去四川攀枝花，继续原定的行程。我却因与胡铁卿有约，要去川西参加考察大熊猫。刚巧，人民文学出版社又催《呦呦鹿鸣》的校样，校样尚有一半没看完。

那时我的本职工作是编辑，假期有限。权衡之后，只好与朋友们分手，在昆明看完校样，然后赶往成都。

到达成都的第二天，铁卿就和我踏上了去川西的行程。先去平武的王朗，然后去九寨沟、黄龙。再过草地到马尔康，经夹金翻越巴朗山，到卧龙……雪域高原奇异的风光，强悍豪放的民风，大熊猫神秘的生活，胡铁卿那种献身于自然保护事业的精神，强烈地震撼了我的心灵。也是在卧龙结识了大熊猫专家胡锦矗。以致引发了以后五六年中多次深入川西，参加对大熊猫的考察，也是后来写作《大熊猫传奇》的一点因果。

记不清是在卧龙，还是在途中，我和铁卿谈到云南的收获，同时也流露了未能去成攀枝花的遗憾；因为已听说那里有一片天然的苏铁林。不仅是铁树古老、珍贵、稀有，仅想象一下，五六万棵拂动着青翠羽叶的铁树林，那是多么蔚为壮观的景象！

铁树又名苏铁，据说它非常喜爱铁元素。如果有铁树萎靡不振，在树旁埋铁，能使其苏醒奋发。铁树的羽状叶特别迷人，初生时面上密布金黄色的绒毛，长大后向四面披拂。挺拔的树干，流苏般的绿叶，特别惹人喜爱。

他安慰我：有心者事竟成。攀枝花并不遥远，定然有机会去。然而，攀枝花在川南，川西的山道又是那样艰险，几次都未去成。新的生活视野，已淡化了对那片铁树林的怀念。

大约是第三次到川西。有天，胡铁卿很郑重地说：送你一件礼物，把手伸出来。已是很熟悉的朋友了，当然遵命。

他将一个宝贝轻轻放到我的掌心——粉红色的，没有一丝杂色，如鸽蛋一般大小，但是种非常流畅的椭圆，很美。是宝石？分量并不重。是鸟蛋？也不像。

是什么珍贵的宝贝，才值得他如此郑重呢？

我将它小心翼翼地翻来覆去打量，又迎着阳光照看，并不透亮。川西是个充满神奇的地方，常有你意想不到的事物堵在你的面前。

"千年果!"他微笑着说。

我更迷茫了。刚才也想到了香榧果、榛子、银杏果，但形状和颜色都不对。我还是第一次听说"千年果"。

"平时常说什么花千年才开?"他在实施启发式教学法了。

"难道是铁树的果实?"

"要得，要得! 对头，对头!"川腔、川语、川调。

"千年的铁树开了花"，喻义难得、千载难逢、吉祥如意。铁树的种子有"千年果"之称。《西游记》中美猴王猎食的美味蟠桃，为千万年开花、结果，只不过是神话。其实，铁树也并不是千年才开花、结果，有的铁树可以两年开次花。它原在热带地区生长，生性喜温暖、湿润，要求深厚肥沃的砂质土壤，不耐寒。水多了，土的渗水性能不好，容易烂根。它不分枝，只在顶端才生发出如凤凰尾羽的一簇绿叶，绰约的风姿，备受人们的喜爱，又有美名"凤尾蕉""凤尾杉"。在北方，气候较为寒冷、立地条件又不好，几十年开一次花也是难得的。以致有"铁树开了花，哑巴也说话"的民谚。

他真是个细心的真挚的朋友，几年前的事难为他还一直放在心里! 是他托朋友从攀枝花带来的。未见到那漫山遍野的古老植物，也未想到它居然有宝石般的种子，温馨甜蜜之情油然涌动。我带回家中珍藏，确是一颗友情的宝石，同时也寄托着我们对大自然的向往。

1998 年 7 月，我再次探访西双版纳。从中缅边界热带雨林架设的"空中走廊"回来后，又一次到达勐仑热带植物园。近 20 年的时空差距，几乎已认不出这片栽种奇花异木的地方了。当年采访过的几位朋友，多已到领导岗位，或在昆明或外出考察。

保护区的刘林云找到了从事园林规划设计的小何。小何首先从热带植物布局谈起；对如何培育以根包石、塔包树的园艺，以及所取得的专利谈得非常精彩。我们也兴趣盎然地跟随，观看他利用雨林中杀手——绞杀植物榕树的武器——旺盛的气根，让这些气根沿着巨岩生长，终于将它紧紧包裹。

在热带雨林中，榕树就是用这种高超的办法，将番龙眼、青梅、团花木绞杀，争夺一片可贵的立身之地和阳光。而园艺家们却异想天开，以它造出奇特的景观。这种巧夺天工的构筑，令人叫绝！

但我感到，小何还未展示他的最得意之作。刚在绿树中拐了两个弯，小何驻足，我差一点撞到他的后背。循着他的目光看去，眼前陡亮：

灿烂的阳光下，一片碧绿的羽叶，如孔雀开屏、似凤凰展尾，树前几簇艳丽的树叶、花朵，将其衬托得耀眼夺目。它们两两相依，树下有石，石上"铁树王"鲜红的石刻，如雷火电石，激荡在心灵的深处。近 20 年的思念，相见时却是如此突兀，惊喜交加……我作了几次深呼吸，企图平息心潮的涌动。

　　铁树是常绿乔木，它在两亿年前的中生代与恐龙同时，在植物界称霸于地球。恐龙突然消失之谜，至今还沸沸扬扬地争论着。铁树虽然历经了严寒，残酷的生存竞争使它失去了霸主的地位，但它以顽强的生命力，仍然还存在着9属100种，分布于非洲、美洲、亚洲和大洋洲。我国有1属9种：云南苏铁、四川苏铁、攀枝花苏铁、海南苏铁、篦齿苏铁、华南苏铁、叉叶苏铁等。

　　此处铁树，当为云南苏铁。小何说，它的树形和叶，比之其他苏铁更为优美。铁树是雌雄异株。你们看：这四棵，两相依偎，外侧的是雄树，里侧的是雌树。雄树高大，雌树端庄；他正俯身，向她倾吐心扉，虽然默默无言，却

铁树

又柔情万种……

一群熙熙攘攘的游客来到树下，争相留影纪念，打断了小何朗诵的美丽的爱情诗。

"铁树王高寿多少？"有位小青年来问。

"我们测算过，估计在一千三四百年！"小何回答。

对方一伸舌，但又说："树不高，只不过五六米；也不粗嘛，胸径只有六七十厘米的样子！"

"树高是7米。你见过比它更粗、更高的吗？"

那青年也无以为答。这大概也是最好的答复。但小刘奇诡的微微一笑，还是未逃过我的眼睛。

1981年来时，未见到它。我希望能引出故事。

小何说：

"铁树王是1990年才移来的。西双版纳是搞植物引种和园艺设计、种植的乐土。我们每年在山野的时间多。大自然是最慷慨的，只要你不畏艰苦，收获总是在向你招手。

"那天，我在勐养大渡岗乡的小河箐一带考察。时近傍晚，正准备返程时，云中露出夕阳，顿时霞光满天，映得傣寨后的一片山野特别美丽。翠绿的蕉林燃成了红艳，在迷离的光彩中，有种树冠很惹眼，仔细看去，晚霞瞬息变幻……

"第二天一早，我又去了。在一片香蕉、槟榔的山坡上，发现了我从未见过的高大的铁树。那种喜悦就像探宝的人，突然见到了宝藏。傣族老乡说，这是他家的自留地，没有把它们伐倒，是因为它长得很美，又是寿星，图个吉祥。而且，它的嫩叶还是爽口的蔬菜。

　　"傣族人民对森林的亲切和认识，以及其中的哲理，常令人叹服和惊讶！森林就是他们的家园。粗略地统计和考察之后，急急赶回来了。我去向老先生们请教，他们都有几十年的野外考察经历，证实了那的确是目前已发现的最古老、最高大的铁树王。

　　"经过一段思考和筹划，我想在园里建立铁树王小区，使这古老孑遗、树形优美的植物占有一席之地。当然，异地保护是保护珍稀动植物中一项重要的措施。说实话，我们都担心铁树王的命运。我将计划正式报告。计划当然非常诱人，经过论证后，最大的担心是工程太大、太难，移栽后能否成活？万一有个闪失，那就是'千古罪人'！但是，有位搞引种的王老支持我，又去实地勘察、测量、选择迁移路线，制定了详细的方案。

　　"我们在园内先选了块地，就是你们现在看到的这个地方，挖坑、消毒、施肥。

　　"听说要将宝树运到植物园供人观赏，全寨子的老乡都来参加修筑便道。那份热情让人感动。我也感到了压力。大型机械是无法开到山上的。首先是架起了 20 吨的滑轮吊车，根据树的高度，造了个很大的木床。为了增加成活的系数，尽可能地多带原土，挖了 3 米多深。球状的根部，直径竟有两米多。仔细地将根部包扎好，然后用滑轮慢慢起吊，一分分、一毫毫地往上提；再慢慢放倒，置于特制的木床上。然后再使木床往山下滑动……傣族老乡，移植工程人员没日没夜地苦干，整整用了半个月的时间，才将它运到了公路上。那半个月，真是食无味，夜无寐！

"满腔的希望和铁树王一道栽下了。几乎每天我都要来看一看它。外出考察归来，先是来看望它，然后才回家。是的，它的叶片依然碧绿；但理智、科学告诫我：这只是假活，成功与失败，要 2 年后才能见分晓。

"两年过去。有一天，我突然发现它的顶端已孕出了花蕾，乐得手舞足蹈，逢人便说。

"不久，2 月中旬，那花开放了。鲜黄的花序焕发神采，雄树花序为圆锥状，像是成熟的玉米棒，能高达七八十厘米，直径有 20 厘米左右。雌花花序为扁形球状，由一蓬羽状心皮组成，高在二十八九厘米，直径有二十四五厘米，始带绿色，渐为淡金色。远远看去，像是一朵硕大的黄菊。

"可以说一件趣事，铁树花蕊中的精子，可称得上是世界之最，仔细观察，肉眼可见，有 0.3 毫米长，似只陀螺，能在花粉管的液体中自由游动。花清香，引来蜂蝶。花期之后，雌树结出了果实。

"花与果实有力地宣告：铁树王移栽成功！

"顺便说一点，铁树王移栽的成功，其中的技术与经验对目前正在兴建的昆明世博园，大量的植物移栽，也不无借鉴……"

小何娓娓细谈时，那背景中，是一拨一拨的参观者在铁树王下拍照留影，毫无疑问，这是公民投票、嘉奖！

我们原来并未想到移栽一棵树，竟然有如此浩繁的工程，须要动员这么多的人力物力。其实，小何的叙说，移栽的过程，就是人类和自然的颂歌，就是一次保护自然的宣讲！

探访了闻歌起舞的"跳舞草"、美艳的雀舌花、奇异的鹿角蕨、见血封喉树和止血的圣药龙血树……因为还要去石灰岩雨林考察，才依依不舍地离开了植物园。

傍晚，赶到了濒临澜沧江的橄榄坝，也是了却久已向往的心愿。1981年参加泼水节时，因为采访日程的冲突，未能与几位同伴由允景洪乘船来此，一直深为遗憾。寺庙金光闪闪的佛塔、槟榔的婆娑风姿、街头摆满的热带水果的浓郁芬芳、傣族姑娘的花伞……无处不洋溢着傣族风情。

散步时，我有意提起植物园的铁树王。小刘忍不住了：

"那只是他们那时见到的最高、最古老的铁树王。"

我放慢了脚步，只是偏过头来注视着他——那表情中有些委屈，甚至愤愤不平：

"在植物园称王的，不才7米高吗？很平常。我见过的有16米高的。"

我停住了脚步，很急切地问：

"哪一年，在什么地方？"

他好像意识到了什么，调整了一下情绪，才说：

"1996年，我在野外进行课题考察。到了勐源，那是片石灰岩山，喀斯特地貌很显著。石灰岩雨林的特色，你们已看过了。也是一天的傍晚，我们发现了一片天然的原始铁树林，面积有 1 平方千米。粗粗地看了一下，树高多在六七米。还有更为高大的。

"那么一大片羽叶，那么一大片古拙的树干所组成的景象，不是亲眼见到，是难以想象的壮观，难以说清当时的感觉。离小腊公路还有七八千米，又未带野营的装备，我只能草草结束考察返回。

"过了一段时间，我邀请了植物园的陶老师，再次去那里考察。其中最高大的一棵铁树，高 16 米，离地 9 米左右，分了四杈。我伸开两臂还未能环抱过来，基围有 2 米多。羽叶组成的巨大树冠浓郁、奇特。树龄应在 1500 年以上。陶老师兴奋不已，连说：'真正的铁树王在这里！'

"我们正在计划，建立一个天然的铁树王植物园……

"在西双版纳对生物的多样性，千万不要轻易下结论。我们在野外考察，每年都有新的发现。这是片神奇的植物王国！"

小刘慷慨激昂的结束语，很具震撼力！

生活中的故事，真是层出不穷，起伏跌宕。

新千年的一月初，我和李老师乘火车去深圳。《深圳科技》主编、朋友徐世访到东莞车站来接。

他途经光明农场办事，罗场长热情相邀。得知我醉心于大自然，他叙说了在故乡，偶然发现一棵钙化木化石的故事。

之前，我只知道有硅化木。在新疆卡拉麦里山，瞻仰过硅化木的风采，那棵硅化木很粗壮，直径有 1 米多，红色的，如玛瑙一般，树纹、年轮历历可见。然而，我们却错过了站头，未能去探访数十平方千米遍布硅化木的大戈壁，深感缺憾。

2001年7月，在美国华盛顿，一眼看到一巨型建筑物门前，陈列一横截面已打光的硅化木标本，我立即猜想那不是地质博物馆即是自然博物馆。后来问翻译，她证实了我的猜想，但却无法回答它来自何处。一座国家博物馆，以硅化木作为徽标，足见其价值。

现在又听说有钙化木，当然惊喜。因为罗场长说是经过专家鉴定的，又特意取来了一块，那结晶体与硅化木确有不同，色泽也明亮得多。他甚至说，有位识宝者说，钙化木的上品，已是宝石一类了。谈话间，世访说，深圳有化石森林公园。

我更惊讶。记忆中，在我国还没有哪里建立过化石森林。他们无法回答是哪种化石，这也更引起我去探访的愿望。

在完成了野生动物园的工作之后，海天出版社旷昕总编辑邀我们去出版社小住。旷昕是位热情、诚挚的书生，为出我的一本书，前年曾见过一面，相互通过几次电话和书信。他热爱大自然，对大自然出版物很有见地和胆识。感到心灵上有很多共通之处，与他交谈是件愉快的事。同时，出版社还有几位朋友，也很想看看深圳的红树林，特别是化石森林。

化石森林在深圳仙湖植物园中。植物园在深圳第一高峰梧桐山麓。出发时，旷昕和于志斌同时遇到了急事。我请他们让我自便，因为徐世访已在联系那边植物研究所的一位教授做向导。快到沙头角了，车才向左边拐去。

植物园的大门，建在山口。进去找到了植物研究所，一问，才知那位教授去海南考察未归。

既是山口，至少有两条路，幸好买票时要了张导游图。仔细看了导游图，才知道化石森林区在植物园的最深远处。

我俩长期在山野中跋涉，习惯于徒步登山。以野外的经验，我想从山林中穿过，可能是条捷径。李老师考虑到几天来在野生动物园工作得很累，又背了较重的摄像器材，下午还有别的项目，最后选择了左边的公路。山不陡，路却漫长。

到达高处，才看到左边有一山谷，似是农场。右有一大山谷，一湖绿水映着环山，才知整个山谷构成了植物园的主体。水仙湖是核心区，风光绮丽。

植物园正在兴建中，杜鹃区的品种不算多，且有的是刚栽不久。药用植物区正在施工。它的主旨，似偏于旅游。寻找化石森林时，登高眺望，李老师突然发现，远处山坡森林，竟是一幅中国地图——原来是香港回归纪念林。下方，石林参差，应是化石森林了。

弃公路，从山间小道下山，过十一孔桥，眼前一片化石林立。工人还正在竖立新运来的化石。这些都是沉睡了一两亿年的古老森林中的成员，其色有灰白的、黑色的、赭红的。高者有一二十米，低矮的都是断后留存的。断裂较严重的，只好横卧地下。有主干矗立，也有保存了杈枝。树节、树洞历历可见。也有数块横断面已经打光，游人争相去数年轮。

我和李老师分头考察。从已标明的说明看来，都是硅化木，产地主要来自辽宁、河北、内蒙古，只有西北角一棵是新疆的，虽无说明的标牌，但因我曾在新疆见过，一眼就能认出。它的树节断裂后留下的横断面上纹理最为清晰，显然是棵松类的树。

这些化石的原木，有紫杉型的、云杉型的、新丘叶枝型的、宽孔异木型的……不由人想起，在白垩纪和侏罗纪的一亿至两亿年前，当年的辽宁、内蒙古、河北还是林木参天的富饶丰美之地。

时间已近中午，我们也找不到解说员，只能和正在施工的工人聊聊，很不满足地离去。

依导游图上的路，想寻一吃饭的场所；然而到达湖边，却没有找到。吸引我们来此的化石森林已经看过，干脆出园吧。

询问一位保安，说是上面有中巴可乘，只好循着一片竹林小径前行。见一片棕榈园，绿草茵茵，假槟榔、大王棕亭亭玉立，非常喜人，不禁放慢了脚步。

刚出林，坡地上铁树鲜黄的花盘耀眼，树虽只有二三十厘米高，但羽叶厚密，尤其是难得目睹铁树鲜花怒放。这是一棵雌树，扁圆形的花序，是由团团一簇的似是花蕊的羽状心皮组成。

松型硅化木

当时只觉得是意外的收获，李老师很兴奋。在她频频按动照相机的快门声中，一种奇异的感觉突然闪现。我打量了一下周围的环境，就大步爬坡，向另一方向转去。未走多远，我被眼前的景象惊喜得大叫：

"李老师，快来！"

她气喘吁吁地跑来：

"啊！好高好大的铁树林！"

是的，确实是一片铁树林！挤满了一个三角形的小山谷。约有几十棵。上方还延续到深山，因有山坡和树林遮挡，无法看清。

还留有支撑的木架，显然是异地移栽的。粗壮的树干顶端的羽叶虽不甚丰满，但我们刚从严寒的北方而来，那翠绿特别耀眼夺目。

"苏铁皇！"李老师有新的发现。

一点不错，一棵树下岩石上确实刻有"苏铁皇"三字。又是一棵铁树王！设计者是否知道西双版纳已有了"王"，因而另选了"皇"呢？

称皇者，高有七八米，胸径足有六七十厘米，挺拔、雄伟，像是棵雄树，其旁还有棵身长稍逊者，但却比它粗壮，似是棵雌树。因未见到花，无法断定。

正寻找园内工作人员时，才发现了"国际苏铁保存中心"的标牌。尽管多方设法也未能找到人向我们作最简单的介绍，但苏铁的珍贵以及在国际植物学界的地位，已从标牌中透露出来。然而，作为国际保存中心，每棵铁树下竟然没有树种说明的标牌——产地、品种等，毕竟是件非常缺憾的事情。我们既有喜悦，又怏怏不快地离开了那里。

晚间看电视，深圳地方新闻栏目播报了在塘朗山上，发现野生仙湖苏铁种群的消息，画面上出现了它美丽的形象。太巧了。据说，这种苏铁因仙湖植物园栽种了两棵而得名。多年来并未发现野外还有生存，专家们只是估计在广西、广东和湖南交界处可能有，但一直没有找到。那两天几乎各报都在刊载新发现的各种报道。

第二天我们就要离开深圳了，正在收拾行装时，电视上又播报，因前面发现的消息，引起了当地村民的报告，说是另一条山沟有众多的类似植物。再去探查，是一个更大的野生种群，至少有 200 多棵。经中科院华南植物所邢福武教授鉴定：确实是仙湖铁树的野生种群！

寻找铁树王的故事竟然如此波波澜澜，曲折有致，但我决心还是要去攀枝花，看野生的最大的铁树林！也相信这个故事肯定还未完，人类对大自然无尽的探索，才能使得自身不断发展！

若要知道这故事情节怎样发展？

——走万里路，读万卷书！

象脚杉木王

每寻找到一棵树王，就是寻找到了一个宝贵的至今依然鲜活的、长寿的生命体。

一 兄弟王

杉木有万用之木的美称，福建素有杉木之乡的盛誉。南平五台安槽下杉木丰产林，每亩积材 82 立方米。称王的杉木有数棵，大王在梅花山自然保护区，那里有 10000 多亩的杉木林。

四五月的梅花山云遮雾罩，秀媚神秘；忽晴忽雨、多彩多姿。那天，是雨季中绝好的大晴天。我们从古田出发，经芷溪，到曲溪，两旁大山上米槠林树冠怪异。保护区的老王说，是去年大雪压断了很多枝干形成的。沿山循水，一阵流云，将我们送到保护区罗胜管理站。管理站倚据左边山崖。大山在这里豁开石门，云流奔涌，飘荡如河，于是，山谷翠绿漫溢，红花流动。

右前方一棵巨树屹立，塔状树冠，我们以为那就是杉木王。小黄说，那是棵油杉王，还不算是最大的王！随即要管理站的小李去采几根枝条，带回去扦插。又说，先去看"七姐妹"吧！

石门守隘的山谷交错排列。向右边山谷拐去，路在秧田中蜿蜒，山溪纵横，岸边开满各色野花，丝丝缕缕的游云在身边飘来绕去。又进一岔谷，迎面几棵柳杉，树冠峻峭，似柏树，又像西北的高山杨；主干挺拔，枝条紧贴主干向上，苍劲，拙倔。是谷口的风厉，或是大山的挟持，使它将素有的宽幅树冠化繁为简。

向左，过小溪，溪边一丛兰花，幽香阵阵。登山，坡陡，无路。乱石丛中东一脚，西一脚。扑通一声，李老师跌倒。等到小黄急忙回头拉时，她已清脆地笑着站起来了。

上面林子里传来李老师招呼声音。我正在听鹛鸟的悠扬曲调，努力分辨出是画眉还是黑脸噪鹛，抑或是相思鸟。

坡下只能听到他们热烈的谈话，循声看去，一片浓郁的绿林，八九株翠竹散落在周围。攀过一个大岩，就见他们正在一片茂密的树旁。7棵杉树熙熙攘攘地长在一起，小黄问我有无发现奥妙？细细打量，根部连在一起。

难道是一母孪生？

确实是的。一棵大杉被伐后，根部同时萌发出7棵幼杉。不需要种子，不需要播种，这是杉木生命繁育工程中奇特的现象；我们已将它立为研究项目。

说着，他和老汪已在测量7棵杉木的胸围，计算生长

梅花山自然保护区的"七姐妹"

量。虽是一母所生，各有所长，最粗壮的胸径已达 44 厘米，最小的才 20 厘米。小黄从中得到什么奥秘呢？若是将它们加在一起，其胸径已在一米八九。那么母树呢？当是一棵胸径约两米以上的树王！

主干秀长、树冠柔美、春风轻拂，并肩亭亭玉立的孪生七姐妹，似是正在指点前山火红的杜鹃、洁白的木兰，谈笑风生……

序曲之后，再越一小岭，经村寨，转向另一条山谷。

路在古柳杉群落中间。满满一山谷，全是粗壮高大的柳杉，胸径都在一米五六，树龄最少有五六百年。浓绿苍郁的世界，诱得你想躺下来，静静地享受着绿的沐浴，叶的清香。我们已走访了福建好几个自然保护区，每个保护区都有古柳杉群落，但还是第一次见到这样大面积的古柳杉，它们溢出了山谷，挤满山坡。

路向右转，沿石级上岭，岭上是古柳杉；下岭，两旁也是古柳杉林立。

谷口开朗，即见远处左右山头各有一棵巨树，遥遥相望，如两座宝塔相视相峙。老王说，那仍是两棵油杉，也应是王。有林学家认为：胸径超过一米的，即可称为王。但它们不是保护区最大的油杉王。

下岭，到罗盛村——小盆地的中部。房舍在两条小溪旁，依地势高低错落，沿村中水泥路蜿蜒。小黄说这里有棵厚朴，要和老王去采标本，岔进一条小巷，我和李老师只得依路向前。出了村有歧路，田野秧苗碧绿，正彷徨间，李老师看到左前方小岭坡下一片树林，有两棵大树并肩兀立。树冠并不浓郁，又因背景是岭，更感到有些稀疏落拓。

沿田间小路到达近处，忽见粗壮的树干堵面，惊得我们一愣。好家伙，它迫使你强烈地感到它正在砥撑头顶的天宇，巍巍、雍容。我们只好向后退让，才看到它劲节虬枝，墨绿的树叶。赭色的躯干上，绿苔斑驳。它在长到两三米处，分成两枝，如兄弟亲密，并肩耸立，树冠垒塔。

待老王和小黄、易站长来后，我们5人还未能将其环抱。旁边竖有"杉木王"大牌，记录了1992年的测定：胸径为1.91米，树高34米，树龄为960年。

我们无法知道杉木王960多年的风风雨雨，希冀从苍劲、古拙的鲜活的生命体中，判读出一些历史的遗迹……然而只能从稀疏的杉果中，引出关于生命的无限遐想。

一步三回首地离去，有种情绪在胸中涌动，细细想来，又理不出头绪，只是一种朦朦胧胧的感觉……转而一想，历经了近十个世纪的时光，它至今依然屹立在那里，其本身就是生命的赞颂……心情又稍稍释然。

出罗盛村，水口庙宇迎面，两旁山岭上古树郁郁葱葱。小黄说，那是油杉，胸径在一米二三。闽西每个村落在溪水出口处，都有跨水而建的庙宇，多为两层木结构的建筑。传说它能关住财富，拒绝邪恶。水口处因是风水宝地，总是古树参天。旁有石碑，记载了村史，似是为杉木王作了诠释。

到达管理站，快上车时，小李送来他采摘的站旁一棵古油杉的枝条。小黄接过一看，笑了："我误将杉木当油杉了，这也是一棵杉木王！应该重新记录！"

象脚王

9月，我们跋涉在云贵高原。从梵净山辗转到黔东北角的沿河土家族自治县，在麻阳河峡谷中探索了黑叶猴王国之后，决定再去黔西北角的习水，探索那里的常绿阔叶林文化。

9月14日，六点即动身，在崎岖的山道中盘旋，三百多千米的路，汽车竟然跑了近八个小时才到达遵义。过娄山关，至古夜郎国——桐梓。这段路虽险要，但路面平整。

"夜郎自大"的成语，家喻户晓，它在娄山关下的盆地中。县城整洁繁荣，盆地不算大，群山环绕，关隘险峻，构成了称"国"的自然环境。古夜郎国在历史上的消失，虽不及玛雅人神秘，但已引起学者们的纷纭宏论。

原想在这两处名胜盘桓，但天气阴沉，且还有数百千米的行程，只得匆匆赶路。路口询路，说是还有二百多千米，老汪说不应该有这样长的距离，可言者凿凿。看样子，子夜时分才能到达习水。

刚出县城，又是烂路，夜晚也匆匆而至。山路陡峭，不见村寨。雨也来了，紧一阵、慢一阵。司机小黎第一次跑这条路，更是小心翼翼。

突然，车灯光中见四五人肩背手提。小黎一愣，我们也一震。直到看见一塑料棚，棚前堆有笋，大家才松了口气。原来是采笋人送货到收购站。小黎一踩油门，快速通过。

我突然惊诧，什么竹子九月才出笋？老汪恍然大悟，说是方竹。这里应该是县管的方竹保护区。常见的竹多为圆形。竿为方形的竹，且大片生存，是罕见的。我请小黎掉转车头，回去看看那笋是否也是方形的。小黎不语，全神驾车，老汪也无反应。车内立时陷入沉默。我很奇怪，几天来，老汪和小黎对我是有求必应的。

无边的黑夜，层叠的大山，睁大眼睛左右回顾，不见一丝亮光。车忽上忽下，如茫茫大海中一叶小舟，不知在何处漂泊？不知向何处漂泊？只有急弯处，刺耳的刹车声警示，才回到现实的世界。李老师以女同胞特有的细心，一会儿为小黎剥口香糖，一会儿递一点干粮，以免他困倦。

车行两个多小时，依然不见村寨，依然不见一星亮光。夜显得格外沉重，雨也稠，整个都黏糊糊的。寒气逼人，我们纷纷添加衣服。突然，发动机声音有异，正巧快到坡顶，路面松软，碎石遍地，轮子打滑。左边是峭壁，右边是悬崖。大家的心一下子提到了喉咙口。清秀的小黎脸色一凛，猛踩油门，轮胎卷起碎石打得车底叭叭响，似是往上一蹿，小黎擦了擦脑门上沁出的汗水，将车减速。老汪却厉声地说："别停车，把警灯全打开！"

气氛陡然紧张，各人都注视一个方向，团团黑影、龇牙咧嘴的巉崖一晃而过。虽然都有着山野的经验，但谁也不敢怠慢。

难道是碰到了车匪路霸？还是碰到黑熊一类的猛兽？为什么刚巧在最陡处路面被松动？抑或是发动机有了故障……无论哪一种情况，在这样的深山，在这样的深夜，都是挺麻烦的。

"前方左边有人！"李老师小声提醒。

果然有人影在树丛中。

"我不发话，你只管往前冲！"老汪对小黎下达了命令。

前面三五条汉子已站住。小黎加大油门，风驰电掣般开了过去。在擦过那些人身边的一刹那，瞥见有两人将身子侧转了过去。我松了口气，可老汪仍然瞪圆了眼注视着前方，小黎也未有丝毫松懈。

直到近一个小时后，有了灯光，灯光中现出了村寨的影子，小黎才将身子稍稍往后仰了点。是座挺繁华的大镇，满街是各种货车。有了岔道。我坚持问路。饭店的老板很热情，说是再往前就到四川了。又说这些车都已停下过夜，在这样的天气，在这样的山区，谁还愿冒险？房间干净、价格便宜。我们只是问去习水的路，他才很不情愿地说是另一条路。

在深夜，在一片雾蒙蒙中，终于到达了习水。保护区的老刘急得四处打电话，说若是再有半小时不见我们的车，他们就要派车出去寻找了。

习水是酒乡，名酒有习水大曲，国酒茅台酒厂也离此不远。市容小巧，黔西北风味浓郁。

习水中亚热带常绿阔叶林国家级自然保护区，属森林生态系统。老刘介绍时，谈起原始森林中树种的丰富，稀有林木的巨大，树干树形的多彩，文化形态的纷繁，诱惑力极强。还说到贵州才是杉木之乡，不信？有中国最大的"杉木王"！

又是个杉木王！

你还不信？地图上都标得清清楚楚哩！

我笑了，多年养成的习惯，每到一陌生处总是先看地图。老刘满腔委屈，转身从柜子里拿出一幅地图打开。"杉木王"三字果然赫赫立在习水的旁边。轮到我瞪大了眼了。再看上方，是幅旅游地图。但却表明了人们对自然的重新认识，以"杉木王"自豪！

天气虽然没有转晴，我们还是急切地去寻找中国的杉木之最！但老刘却说去长嵌沟，我有点奇怪。他说："那整整一条沟全是丹霞地貌，两旁天然丹红石壁；风雨雷电不仅塑造了丰富多彩的石雕，而且刻画了无数美妙绝伦的形象——是条艺术的长廊，保证你进去了就流连忘返……"最后调皮地眨了眨眼。

葫芦里装的是什么宝贝？

刚到沟口，却向右一拐，进入一个小山谷。不多远，迎面一座庙宇，金碧辉煌。我有点茫然。老刘说："杉王庙！"

常见的是寺院中多有古树，树依庙而存。第一次见到为树建寺，寺依树而存，心里不禁激灵。站住环顾四周，虽然满目绿色，但并没有一棵大树。

"你们搞文学的最忌直奔主题吧？"老刘调侃。

溪边开满淡红、淡紫、淡蓝、淡黄、粉白相间的花朵，虽不是斑斓艳丽，但高雅飘逸。老刘也讲不出它的学名，说是像翩翩飞舞的蝴蝶，就叫蝴蝶花吧！过小桥后未走远，"向右——看——"老刘在身后发号令。

真是峰回路转，又有一山坳。从西面丛山中流来的银亮的溪水，映着铺满金黄的稻禾。紧走几步，仔细搜索，绿色葱茏的山嘴处有矗立的树冠。如不是在福建梅花山有了寻找杉木王的经验，还真难在这万木繁茂的背景中发现。与那棵杉木王比较，塔状的树冠显得浓稠，但依然是那种刚劲、苍郁。这时，正巧云天洞开，阳光如万千金霞照射，杉木王主干下端闪动着红色的光芒。

沿着南面的山溪迂回，我们终于看清了，杉木王立地的山陇，左右各有一条小溪从深山的西北向和东北向流出，那山嘴犹如巨鼋之首微昂，似在伫立凝目远望。杉木王就是根独立的大桅，桅上旗帜猎猎响动。它一根主干通天，不似梅花山的分为两枝。

快到杉木王跟前了，大家却不约而同停下脚步，注目着巨大的雄伟的躯干：未见一根枯枝，下端棕红色的二三十米，油光闪亮，透出无限的生机，旺盛的生命力；尤其是在根部，鼓突出一个个肌肉强健的树包，活脱脱如大象硕大的脚。闭目之际，似是感觉到大象在森林中走动时大地的微颤。

"这是棵象脚杉木王！"同伴们齐声鼓掌，赞成我的感叹。

围绕着杉木王走了一圈又一圈，细细地观察着它的变化，六七个人还未能将其环抱。据近年的测定，它胸径有2.38米，树高44.8米，冠幅为22.6米，主干蓄材量高达84立方米。1976年，南京林学院的一位教授考察了这棵巨树，为其顶冠加冕，确定为中国现存的最大的"杉木王"！

据志书记载，相传这棵杉王是南宋时期（公元1234年）将领袁世盟率兵入黔时，屯兵于此栽种的。至今已有700多年的历史。民间盛传，当年红军长征由娄山经过此地，强渡赤水时，朱德、毛泽东、周恩来曾相聚于此树下小憩，盛赞此树。

十多年前在参加新安江上游考察时，我们在深山发现了一片纯杉木林，那里也是蛇的王国。林科所的老赵曾对我说，杉木生长旺盛期为 60 年，之后就进入了晚年。

然而无论是梅花山的或是习水的杉木王，都已是八九百年的高寿了。梅花山的那棵兄弟杉木王寿达 960 年，胸径还未到两米。这棵象脚杉木王年轻了近两百岁，胸径却达到了 2.38 米，它为何还依然生气勃勃，生命洋溢呢？

老刘说："你看，这是四面环山的小盆地，海拔在 1100 米左右，气候温暖、湿润。这是天时。土壤是侏罗系紫色沙页岩上发育的紫色土。你说像巨鼋的山体，是一条小山脊延伸至小盆地边缘的坡脚。两条山溪汇聚前端，刚巧使此处成了个小三角洲，土肥水足，它立足于此，真是得天独厚。这是地利。因其古大珍奇，百姓视为神树，在旁建立了寺庙。后人因为怕它影响杉王的生长，才将杉王庙迁到山口，仍与其遥相呼应。它一直得到人们的爱护，这就是人和。你看那顶尖上的树梢有点特别吧？前年，一场雷暴雨时，雷击起火，四乡八里紧急救护，才未酿成大祸。

"有了天时、地利、人和这三宝，岂能不繁荣昌盛！你明年春天来看吧，老枝抽新绿，寄生植物白花点点，那种神采飞扬的神韵，会让你词穷文拙……"

老刘当然看到了我盘诘的神色，微微笑了笑，说是要喘口气。我连忙递去了水，让他润润喉。他接着说：

"是的，教科书上确实是说，杉木的生长旺盛期为 60

贵州习水杉木王

年。但杉木王已有七百多年的高寿，这其中可能隐藏了极奇妙、极珍贵的生命奥秘。它的基因有何特别之处？能破译出其中的密码吗？它具有遗传性能吗？这种密码能移植吗……诸多分子生物学上的问题，毫无疑问已激起科学家的浓厚兴趣。所以，我们要保护好它，保护生物的多样性。

"对我们说来，保护名木古树不仅是文化行为，不仅是环境保护，还有重要的一面，即保护科学——保护生命科学。杉木王和我们人类一样，是生命现象，是生命的实体。每寻找到一棵树王，就是寻找到了一个宝贵的至今依然鲜活的、长寿的生命体。可以发挥一下想象力，如能了解杉木王或无论哪种树王，其抗拒几百年甚至数千年风霜雨雷、虫灾旱情——各种灾祸的摧残依然保持着旺盛这种顽强的生命力基因，那将是生命科学上多么巨大的发现！你还可以尽量扩展你的想象力去思考这些问题，怎么想都不过分……"

是的，我们已被带进一个想象的无限世界！想象力是创新的基石！

不知不觉中光线暗淡了，云又将山峦遮去。慌得李老师赶快去选取镜头，她很惋惜在生命幻想曲中沉浸得太久，没有拍到满意的照片；但又很兴奋，倾听到美妙的生命畅想乐章……

老刘催我们赶路，说是长嵌沟的艺术长廊呼唤得太久……

沉水樟王

饱经沧桑，是种美。

永葆青春，更美！

登山未行数步，就见前面小径上铺了一层白色的小花。路，成了世界上最为豪华最为高雅的花路。大自然无时不在创造壮丽的图画。拾起一朵，花瓣上隐约有些淡淡的黄色。抬头仰望树林——

却见一藤横越，藤上有花，如一群红紫的小鸟群集，熙熙攘攘，热闹非凡地向一片绿叶银花中飞去。

——万木林以华美的诗章，迎接我们的寻访。

白花开在拟赤杨上，枝条细秀，小叶嫩黄绿色。我们在山外的来路上，就曾被绿色葱茏中的满树银花所诱惑，直到近前，才有缘欣赏到它娇小的花朵。

藤为长春油麻藤。小郭说，它最喜在林中漫游，和各个树种交朋结友。为了测量它的身长，已计数四五十米，不仅未找到它的终点，反而发现有更多的枝蔓延伸，盘桓在林中……

　　我们不忍踏上花路，绕道山坡。阵风拂来，花雨纷纷，灌木丛上也像开满了银灼灼的小花……

　　万木林自然保护区，在福建省建瓯附近。建瓯为古城，至今城楼雄踞，"雄镇南关"四个大字熠熠闪光。据说八闽统称"福建"，有一半来源于它。建瓯地处武夷山脉东坡丘陵地带，盛产竹，为中国著名的竹乡。漫山遍野苍翠的竹，如绿海汪洋。现正是四月，我们在路上随处可见繁忙的采笋、运笋。面对堆积如山的春笋，同行的李永禄说，笋也如同果树，分大小年。今年是大年，笋旺。

　　其实，万木林自然保护区的范围，就是一座小山，只不过170多公顷，但就是这么一个袖珍型的保护区，却被誉为"中亚热带森林博物馆"；尤其是在森林保护史上，有着不寻常的地位；还是研究森林演变的活的样本。因为它还有着一段不平凡的历史。

　　繁茂的薜荔，将一棵枫香树缠满，装扮得如巨大的圣诞树。枫香粗壮、挺拔，浓绿的冠幅很大；薜荔藤密如蛛网，此时已结出青色的小果，琳琳琅琅。小郭说，这里有各种藤蔓植物，性格迥异。薜荔自有选择依附者的条件——喜欢枫香树。用其果做出的凉粉，还是一种药膳，清热解毒。秋天采薜荔果时，懂行的人总是在森林里，先找枫香树……

　　他似是信手拈来，指着五六步开外的一种藤：

　　"那是飞龙掌血藤，它特殊在藤上长出很多肉突，有人取笑那是'美丽青春疙瘩豆'。等会儿还能看到过山藤，它最长，能越涧过岭。还有种清香藤，幼年和壮年，大不一样……"

一阵叽里呱啦叫声突起，森林中顿时枝叶晃动，四五只顽皮的猕猴，从树上追逐、打闹到地下，再跳跃飞腾。直到一只大猴发现了我们，才呼啸一声，纷纷蹿到树上，对我们翻鼻子挤眼……

"这些家伙，在保护区内胆子大极了。我们常在山上测量样方、考察，稍不当心，就被它们将带的干粮偷窃一空。李老师，你可得留意照相机……"

"我和它们打过交道。三两只它们不敢惹事。成群的猴，你别撩它们，特别是近距离，别盯着它们的眼睛。"

轮到小郭惊奇了："一点不错，盯着它的眼看，它以为你要算计它，就来个先下手为强。"说着，就做出姿势，想把它们轰走。李老师说，有它们做伴，不是也挺有趣吗？

正说着话儿，响起了水滴打击枝叶声。小郭抬头一看，不知什么时候，一只顽猴已蹿到他上方的树，正扶着树枝，挺起小腹，玩世不恭地向他撒尿。只是准确性差了一点，否则真要淋个满头。

乐得大家哈哈大笑："谁叫你说它坏话？"

笑声震荡了森林，几只小鸟从树丛中疾疾飞起，几只猴子才蹿往高处，但目光还是不放过我们。

"这群狭促鬼，大概是怪我们不该在这棵树下。你们看，这棵树特殊吧！"

"它有板根！"有棱有角的三四块板根，虽不及雨林中板根壮观，但在中亚热带，确属罕见。板根的结构是为了支撑高大的树干。树木也需运用力学原理，构筑自己的躯体。就如所有的动物一样，骨骼的结构，不仅维系它的存在，而且还要最有效地运动。

是的，猴栖的这棵树很高，黑褐色的树干粗壮，巍然矗立。小郭说，它是树王，高30多米，胸径1.36米，树龄380多年。名为观光木，为纪念钟观光教授发现而定名的。它秋天结了满树的果子，果味如番薯，皮猴子们特别爱吃。既然是它们的果园，当然要看得紧。

说话时，大家都时时不自觉地看看树上，以防它们再行玩世不恭的把戏。

观光木是万木林建群树种之一，我们刚离开它，向号称"八兄弟"那边走去；树上的猴头们，也呼哨一声出走。

老李说，他已发现了"八兄弟"。循着他的目光看去，右前方山坡上，出现了簇拥密集的林木——八棵米槠紧紧相连，似是神情不一的八个兄弟比肩而立。米槠为常绿阔叶树，树冠平整，花稠，米黄色，盛开时如云，在森林中特别显眼。

小郭说，已对这一奇特现象进行了多年研究。从外表看，像是一母所生，但尚未见到米槠宿根上能滋生新树的报道。是八颗种子同时落到一处，同时生根发芽？那么，这小小的一块地，就应是神土了，它能提供八兄弟所需的营养。动物中，有一胎多子的，但母兽总是要根据自己的能力，决定是全部保留，还是要扼杀部分。大熊猫就有这样的特性，双胞胎时，它常常只抚养一只。同种树木个体之间总是有距离的……这"八兄弟"向我们提出了一个值得研究的课题……

头顶上空有了动静。嗨！猴子们不知何时，也追随而至。难道米槠的果也是美味？小郭说，果壳有刺，形似板栗，味也如板栗。

大家相视而笑，有这些家伙相伴，平添了很多乐趣。

一排巨藤，从右前方大树垂下，离地1米左右，突然横向，攀住右边树木，再向沟谷探去。它拦在路上，说是巨藤，当然是因为大而长；说一排，是因为四五根连在一起，很像乐器排箫。小郭说，你看，那边的一根也是它，这一分为五，已是成熟的象征。这种分离现象，很可能是为了分向发展。有位生物学家说过，生命的本质是创造，首先是创造生命，复制自身的DNA。这就是前面说过的清香藤。

一棵米黄色细腻的树皮、粗壮高大的树，引起了大家的注意。小郭说要考考我们，谁能认识？我看了看它的叶，又纵身摘了一片，闻了闻，有股沁人的香味，觉得有把握了，才说这是樟树。他又问：

"是哪种樟？"

我还知道有虎皮樟，树皮纹色如虎纹……忽然，我想起了正在寻找的树王……但这棵樟树的胸径，还未超过一米，不足以称王……

"是沉水樟？"

小郭连连点头，说："很多人望文生义，以为是这种樟的比重大于水，因而取其名；其实是因樟油比重大于水。从樟树中提取香料，制驱虫防蛀的樟脑丸，是现在的年轻人不大知道的；因为化学合成物的'樟脑丸'已盛行，但樟油还有其他很多用处……"

"它并不大……"

"沉水樟树王在对面的山上，要从这边翻过小岭。别急，前面还有'红男绿女'等着哩！"

他是向导，也是导演，我们只得听从安排。

离开林中小路，向山坡上爬去。用不着他的指点，已看到了两棵相依相伴，连理交互的树木。一树红皮，一树色绿，在离地不到50厘米处，亲密连理，紧紧地拥抱在一起；而后分开。约五米处，再相拥相抱。"红男"为桂北木姜子，挺拔阳刚，"绿女"为杜英，婀娜多姿。两棵不同科的树，竟如此浓情蜜意，难道植物真的也有情感、志趣、喜怒？有位生物学家说过：所有的生物，都有自己的情感、理想……这当然是人化的自然，或自然的人化。若如是，以"红男绿女"来称谓，也就不是平庸的牵强附会了。

小郭特意对我说，过去，很多文章都将这两棵树的树名搞错了。已经过专家鉴定。希望以此订正。

万木林中有数十种珍贵树木，我们常从闻名遐迩的闽楠木边擦身而过，但这棵树形状很特殊——在离地1米多处，鼓出了一个大包，破坏了它的美。仔细察看，也未见到任何伤口或异常之处。正在纳闷时，小郭说，这里有故事：

"你们见过武夷船棺吗？在悬崖上凿洞，放棺。九曲溪边已发掘了一处，棺如船形，是古闽越国的遗物，虽历经数千年风雨，但棺木仍存不腐。棺为楠树圆木凿成。因而，盛行砍伐楠木为棺。万木林的主人，为了防止盗伐楠木，采取了特殊的措施——在楠木长到一定的树围时，在离地 80 厘米至 1 米处打洞，然后埋进大石。楠木伤口愈合后，石永留其中。这一段正是盗木制棺者所要部分，这才保护了这片珍贵的楠木……"

我们陷入了沉思：

破坏森林的是人类，保护森林的也是人类！

大自然养育了人类，人类却破坏大自然！

似是厘不清、解不开的结。其实，我们的先人早已提出"天人合一"的美好理想……

这棵闽楠树龄，至少有两三百年。强烈的保护意识和措施，也应源远流长。

很自然，引起了对杨姓先民的怀念——

据《建宁府志》记载：万木林原名为大富山。元朝末年，公元 1354 年，建瓯大灾。乡绅杨达卿在其先茔大富山，以"植树一株，赏粟一斗"——即是以植树代赈——"募民营造而成"。里人德之，因名"万木林"。后来，他的孙子在明朝当了工部尚书兼谨身殿大学士。随着杨家的显赫，这片风水林，在历代得到官方的承认与保护。

历经 600 多年的保护，万木林古木参天，有树木 340

多种，观光木、沉水樟、闽楠、花梨木、天竺桂、南方红豆杉、石梓、紫树、福建含笑……珍贵树种比比皆是。在这仅 100 多公顷的面积中，树木胸径达 80 厘米的，有 569 株，胸径 1 米以上的，有 132 株。最粗的树王是拉氏栲，胸径 1.95 米。最高的树是观光木。科学家有种说法，胸径超过 1 米的，即可称王。万木林有树王 132 棵。简直是一座中亚热带常绿阔叶林的博物馆。

最有意思的是：当年杨达卿营林时，栽种的全是杉木；然而，六百多年的历史，却使这片杉木林，成了典型的中亚热带常绿阔叶林。大自然使这片树林中的树种发生了极大的变化。它是怎样演变的？演变的顺序、节奏，是怎样进行的？树种之间是如何相克相济的……这其中隐含了大自然怎样的法则、生态自然演变的哪些规律？向人类提供了什么信息……

万木林在森林保护区史上的地位，森林群落自然演变等方面的意义，早就引起了科学家们的重视。在科学家们的呼吁下，1957 年这里被划为禁伐区；1980 年建立保护区。小郭在谈到这段历史时，一再提到万木林的卫士耿涟涛。后来在福州，福建林业厅刘德章厅长与我们见面，刚说几句话，也是极力表彰耿涟涛对保护事业的贡献。

耿涟涛是一位曾受到极不公正对待的干部，在极恶劣的生态中，委屈多年。平反后，一心扑在对万木林的保护上，常年居住荒僻的山野，满怀为人类建设良好生态环境的理想，奔走呼号，身体力行，终于使这处袖珍型的保护区，得以建设和发展，成了今天的规模。仅植物标本，竟藏有两万多个……

"扑棱棱……"

边走边说，惊起一只大鸟。雪白的羽毛上，铁线花纹异常美丽，飞翔姿态优雅；徐徐升腾，一斜翅膀，便落入对面蔷薇花丛。

"白鹇！李白写诗赞美的白鹇！"

小郭很兴奋，白鹇的体型与孔雀相似，被纳入珍禽保护名录。性机警，善于在竹林、灌木丛中潜行。飞行时，只作短距离的翱翔，平时难得在山野一见。

由搜寻白鹇，发现了蔷薇花丛不远处，有棵巨树探首，油亮的绿叶占据了一大片山野，从可见的树皮颜色、树叶推测，那应是沉水樟，如是……

"沉水樟树王，在那边？"

得到肯定的答复后，我们一溜小跑奔去。

啊，真是树王！

树干颜色柔和、鲜明，细细观察，米黄纹中微微映出一些绿色，焕发出立体的色彩效应，很像一种装饰纸——不，应该是仿樟装饰纸。

树干一直通天，犹如一位屹立天地、阳刚伟岸的巨人。离地约 20 米的主干，几乎是上下同样粗细。也直到此处，它才撑开油绿的浓阴，叶繁枝茂。

小郭说，它的胸径 1.81 米，树高 30 多米。因为太珍贵了，未敢用生命锥测量，根据其他生命系数推算，它至

沉水樟树王

少已在此生活近千年！

　　还有棵更粗更高的沉水樟，标本保存在国家博物馆中。

　　它的枝头曾遭雷击，失去半壁。

　　然而，在这位千年寿星的容颜上，你看不到历史的痕迹，甚至连一块疤痕也没发现。它容光焕发，犹如青春年少。在它躯体内，生命的活力，似大江大河，澎湃不息。它和我们寻访过的树王——通身遍体是岁月的痕迹，风霜雨雪的摧残——迥然不同。

　　饱经沧桑，是种美。

　　永葆青春，更美！

　　树王，你对生命现象的启示，是何等辉煌！

　　有"岁月不饶人"之说。

　　面对沉水樟树王，是否也可以说"人不饶岁月"！

天鹅的故乡

风城电场

可就在它旁边，也有一湖，却是盐湖，
晶莹夺目，其后还有几座小的盐山。

美丽的哈纳斯湖使我们忘记了时间，直到上午 11 点钟才离开。原定返程两天。刚到哈纳河大拐弯处，车窗升降器坏了，挡风玻璃摇不上去。失却了它的护卫，在戈壁大漠中行车，饱餐了准噶尔盆地大风卷起的黄沙。

老梁要我们警惕，说是路途中有种苍蝇，专在人眼睛、鼻孔湿润处产卵。速度异常快，嗡的一声，已完成全部动作。只有赶快擦，用水冲洗干净，否则一会儿蛆虫就出来了。他就吃过苦头。说得人毛骨悚然。

司长小张考虑再三，决定连夜赶路。谁知日落后，又要忍受寒风的侵袭，次日凌晨两点多才到达乌鲁木齐。

阿尔斯朗是位魁梧的维吾尔人，热情、豪放，天生一副歌唱家的好嗓子，说话声音洪亮，有着共鸣音。原先对我们这次行程有些顾虑：哈纳斯湖在新疆东北角的阿尔泰，再掉头到南疆沙漠，路程太远，气候、地理迥异；担心我和李老师吃不了那份辛苦。经受了哈纳斯湖艰苦之旅的考验后，他高兴得大笑：

"牙克西！给我时间安排。从天鹅湖到大沙漠，奇妙的想法，奇妙的行程！祝你们一路顺风。"

还是等了两天，我们才登上迂回曲折的行程。

赶巧了，新建的乌达高级公路前两天已开通，出乌鲁木齐不远，就进入了瀚海戈壁、吐鲁番盆地。风沙漫天，没有一丝绿意。蜃气蒸腾，一切的景色都在恍惚之中。

忽见左前方灰蒙蒙的戈壁滩上，兀然崛起风车。连绵上百座风车高耸、林立，银色的轮片旋转，蔚然壮观。"达坂风力发电场"的标牌赫然竖立。有一风车竖杆上印有"国产 600 千瓦"，大约是发电机的型号。李老师下车拍了几张照片。老梁说吐鲁番盆地曾被称为风城，刮风的天数多；时而狂风骤起，能吹得斗大的石头翻滚。过去，常有人遭到风击毙命，遇险者体无完肤，惨不忍睹。在内地很难想象风能将人刮倒，也像石头一样滚动。《西游记》中写过风怪。风力是能源，这个风力发电场是第一个，也是示范。这种无污染的发电场肯定会得到大力发展。

他是从事自然保护事业的，在新疆奋斗了几十年，是自然保护界响当当的人物。领我们去了哈纳斯，这次又结伴同行。

过柴窝湖，波光粼粼。这是淡水湖。可就在它旁边，也有一湖，却是盐湖，晶莹夺目，其后还有几座小的盐山。从车中看去，盐湖如绵绵不断的闪电，创造出一种特殊的

风力发电场

感觉。

达坂城是荒漠中一小片绿洲。情歌《达坂城的姑娘》是从这里飞出的？有水才有绿洲。水是生命之源，绿树是生命的欢乐。

离开乌大公路向南。八月的新疆并不炎热，但车内温度明显升高。吐鲁番盆地是世界著名的低地。我们感到地势的倾斜，似乎是在盆底行进。戈壁上时时腾起一股旋风，有时三四股同时旋起，扭动如动画片中的魔蛇。

沙暴袭来

> 已到焉耆，即古焉耆国，是丝绸古道上一个重要的国家。

托克逊是盆地边缘一片较大的绿洲。公路两边的水渠边，摆满了葡萄、哈密瓜，香甜诱人。刚出城，忽然西天昏暗，黄乎乎的混沌。混沌在移动。老梁说：

"沙暴！"

声音不高，但语气中的惊愕，还是将紧张、不安溢满车内。我试探着说：

"要不要退回县城？"

司机小李瞭了几眼西天，沉稳地说：

"冲过去吧！这部车越野性能好。进入天山就好了。"

说话时沙暴已经扑来，沙石打得车身叭叭响，乱草、杂物飞扬，啸声阴阳怪气。小李连忙打开车灯，减了车速。我们立即陷入沙的包裹中，就像一艘潜艇，孤独地在沙海中心惊胆战地摸索。直到迎面的车灯照来，一辆货车擦身而过，心情才稍稍放松。

虽然明知越野车封闭性能好，但还是感到车内也弥漫着黄沙，感到沙的压迫。无奈中仔细地观察着窗外肆虐的沙暴，也算难得的机会。

终于到达山口，进入天山腹地，但黄沙依然弥漫，只是近处风似乎小了。拐了几个弯，见风沙正翻过山脊，已形成一丘坡；几股沙流如蛇游动。老梁惊呼：

"沙丘已推进到天山了！去年从这里经过时，还没它的影子。环境恶化的速度太快！老刘，你一定知道今年4月份沙暴的灾难。现在已基本上查清了：沙暴源在北疆的艾比湖。

"艾比湖又称艾比湖洼地，有小块沙漠，原有七八百平方千米的水面，周围有珍贵的梭梭林保护区。但是，由于没有重视保护，大量砍伐梭梭林，仅前两年就有800亩的梭梭林被砍掉——现在水面已缩小到只有400平方千米。20世纪70年代，每年平均风沙天只有0.4天，到了90年代，陡然增至年平均48天。今年的沙暴尤为可怕，飞沙走石，天昏地暗，仅仅3天就到达了乌鲁木齐，7天刮到了甘肃。太可怕了！西部干旱地区的生态平衡原来就很脆弱，是相当长的历史时间才形成的，其植被一旦遭到破坏，再要去恢复，不是三年五年就能成功的。你们到了塔里木，看了胡杨林，会有更深刻的感受！"

这一席话，听得我们心里沉甸甸的。人类建立自然保护区，是对于无情掠夺大自然的追悔、反思。大自然养育了人类，为什么一定要等到哪个物种濒临灭绝，才大呼挽救呢？人类在愚蠢、盲目地开发、建设的同时，不也正将自己推向濒危？

车在天山中蜿蜒，从这条山沟转向那条山沟。山是灰色的，嵯峨；路是灰色的，坎坷悠长；不见一棵绿树，唯有一线蓝天如水。终于出了天山，四野仍是灰色的戈壁。

车近马兰，小李说，左拐进去可达罗布泊——试爆第一颗原子弹的实验场。然而，前方约隐现出绿的树冠，透出无限的魅力，跳跃着勃勃的生机。激得我大声欢呼。小李聪慧，立即加快了车速——两排翠柳迎面，树冠无比优美，半圆，形似一朵绿蘑菇，像是经过精心修剪。与常见的依依杨柳迥然不同，大约就是这里俗称的"馒头柳"。近前，才证实那确是天然生成，没有一丝雕饰。主干长到1米多高，四周生出整齐有序地向上的权枝。还有一种杨冠榆，树冠如杨树。下车后，李老师连连按动照相机快门，我们却贪婪地饱餐着绿色，徜徉在绿荫庇护之下……

小片绿洲多了起来，西天已悬起夕阳，仍不见库尔勒的影子。忽见丛丛芦苇、沼泽、湿地。有大鸟在天空翱翔，从飞翔的姿势、羽色看，显然不属猛禽。老梁说，已到焉耆，即古焉耆国，是丝绸古道上一个重要的国家。现在是回族自治县，是个小盆地……正说话间，一只白色长腿大鸟从苇丛中腾起，随即斜翅，擦着苇尖滑向一小水凼。我很惊诧："难道是白鹳？"老梁说是的。

确实未曾想到在这样的荒漠中，能见到属国家一类保护的珍禽白鹳！

茫茫的天际，无边的沙漠。夕阳辉映下，出现了高楼大厦。是海市蜃楼？不，那是库尔勒。进入城区时，已是灯火辉煌。今天行程 500 千米。

铁门关话史

"……试登西望楼，一望头欲白。"

十多年前，我曾随中国作家协会采访团第一次到达新疆。由喀什即将去库尔勒时，突然接到单位紧急召唤，深以为憾。十多年前的心愿，今天终于了却。

库尔勒位于塔里木盆地的边缘，是巴音郭楞蒙古族自治州的首府。巴音郭楞州面积约四十七万平方千米，占新疆总面积四分之一还多，相当于内地好几个省。据说其辖区内的若羌县，其面积相当于中国其他地区的一个省。自从发现塔克拉玛干大沙漠的地下是丰富的大油田，库尔勒成了新兴的石油城。城市整洁，鲜花丛丛，如果不是偶尔的风沙，你绝对想不到它就屹立在沙漠的边缘。

第二天，老梁和州主管保护区的顾主任都说，去巴音布鲁克天鹅自然保护区之前，一定要先去铁门关。顾主任长期在这里工作，知识渊博，知道的掌故很多，说起话来抑扬顿挫，耐人回味。

从热气蒸熏的道上转来，一片浓郁的蘑菇柳、杨树林，顿生清凉，果园中名贵的库尔勒梨挂满枝头。其上已建水库、电站。

铁门关在库尔勒与塔什店之间的峡谷中，中有孔雀河支流，清亮亮的流水淙淙鸣唱。两旁峭壁万丈，石色黝黑如铁，确有一夫当关万夫莫开之势，历来是兵家必争之地。"襟山带河"四个大字，为这一切作了最好的说明。铁门关左石壁上满布历代镌刻的碑文，其中有唐朝著名边塞诗人岑参的《题铁门关楼》：

"铁关天西涯，极目少行客。关门一小吏，终日对石壁。桥跨千仞危，路盘两崖窄。试登西望楼，一望头欲白。"

但老梁要我注意读乾隆撰写的两块石碑，一是《土尔扈特全部归顺记》，一是《优恤土尔扈特部众记》。

读后，心潮澎湃，思绪如潮，连忙向顾主任要了一些资料，连夜阅读。

我深感民族学的贫乏，印象中蒙古族就是成吉思汗的后裔，并不知道他是东蒙古和西蒙古的先祖。西蒙古的硕特部、杜尔伯特部、土尔扈特部、准噶尔部，生活在今天的新疆、甘肃、宁夏、青海。在卡拉麦里山遇到一位蒙古族干部，他就自称是杜尔伯特蒙古人。

其中土尔扈特部，于 16 世纪寻求发展，西迁至顿河，建立了土尔扈特汗国。因不堪沙皇的残酷压迫，怀念祖国，在一个多世纪之后，又举部东归。十几万人历经沙皇的前堵后截、大自然的乖戾、疾病瘟疫，九死一生，终于回到了祖国。

那两块碑文，就是乾隆在避暑山庄接见胜利归来的土尔扈特领袖渥巴锡后，撰写并"勒石热河及伊犁"的复制品。

乾隆出于清王朝利益的考虑，将回归的土尔扈特人分成四部分，安置在天山南北。其中南路四旗，被安置在尤勒都斯草原，也称巴音布鲁克草原。我国唯一的天鹅自然保护区就在这个大草原上，也是我们明天启程去拜访的圣地。心里感激老梁和顾主任的安排。

大坂防雪

"它能引动落雪随着气流飘向别处，不在路面堆积。很管用。"

车从甘草自然保护区穿过，满目茂盛的草地，十分悦目。李时珍的《本草纲目》将甘草列为草部之首，盛赞"甘草外赤中黄，色兼坤离；味浓气薄，资全土德。协和群品，有元老之功；普治百邪，得王道之化……"可以补脾益气，清热解毒，祛痰止咳，缓急止痛，调和诸药。因"调和诸药"，甘草用量大，资源枯竭。内蒙古一位朋友曾说，那里由于寻找、挖掘甘草，对植被破坏较大。这才感到保护的必要。

过巴轮台后，路况较差，颠得五脏六腑都错了位置。土尔扈特万里东归的事迹，却在胸中回荡，时时想起当年他们是否也走的是这条路？多了一些对历史的回顾，生发出了对蒙古兄弟的敬佩。

山势渐高。爬上一大坂，雪山银峰似矗立咫尺。停车小憩，感到寒气，纷纷加衣。台地上低洼处，绒绒绿草生辉，三五朵黄黄白白的小花傲放。李老师想去雪线寻景。老梁说，望山跑死马。别看这么近，没有半天走不到。又告诫大家尽量不要做激烈动作，这里海拔至少在三千四五，要防止缺氧和高山反应。幸好我们都没有气闷、头疼的症状。

其实刚才只是大坂的边缘，它形似很大的上斜的台地。前方弯路处，直立了几根高大水泥柱，张起黑色的带有网眼的幕布。是捕鸟的网？近几年，由于猛禽猎隼在国际市场上价格飙升，引动尼泊尔、巴基斯坦等国的不法分子进行跨国偷猎。他们首选新疆。在卡拉麦里山，已听到过很多反偷猎的故事。

老梁说："别急，学学'正大综艺'，要考考你。"

下车后，见前面也有这样的设置。确认张起如幕布的是尼龙织物，网眼稀疏，高有四五米，离地约有 1 米；这一段设在路左，长达五六十米。再看前面，似有比这长的或短的，其共同的特点是全在弯路处；虽然时而在路左，时而在路右；而这些弯路又都在坡下。

显然不是捕鸟的网。我曾在深山追随过捕鸟人的足迹。在捕捉数量较大的小型鸟时多用网，但尼龙网是白色的，张度松弛。从地形地物看，肯定与路有关。穷思竭虑，也想不出它是作什么用的？

小李抢在得意的老梁前说：

"防雪墙！"

"它能防雪？有网眼，下面还是空的。"

"这就是科学！高山寒冷多雪，现在是 9 月初，雪山冰川还耀眼。唐诗有'胡天八月即飞雪'。这样的大坂，雪季有三四个月无法通车。在这里要装备多少台铲雪机，才能保证路线畅通？别看这种设备简单，却是利用了空气动力学的原理，根据当地的地形地貌、风向研究出来的。它能引动落雪随着气流飘向别处，不在路面堆积。很管用。"

不得不信老梁的宏论。我说 1986 年 9 月 1 日从北疆翻越天山时，遇大雪，又惊又险地通过玉西莫勒格盖冰大坂之后，也见到过防雪设施，是水泥顶的走廊。老梁说，那一定是在非常陡峭的山崖边，它更重要的作用是防雪崩。过另一大坂时，也有这样的顶篷。

哎呀！太巧了，今天也是 9 月 1 日。12 年前，从北疆过天山回乌鲁木齐，在零千米处有一岔道，即是转向南疆库东的。我们后面的行程，也是去库东。难道这条路就是当年撇开的？那次种种的惊险和趣事，一件件涌上心头……

巩乃斯山谷·云杉

　　　　以后的路程，长时间在云杉林的山谷中绕来
转去……

　　过了大坂不久，路向山谷伸去，银绿的云杉林扑面而来。一条明亮的水流，沿着山崖流淌。山谷两边的山坡青翠，白色的羊群、枣红的骏马，如画印在牧场上，白色毡包上空，袅袅的炊烟，似缠绵的小曲。我们已到了美丽的巩乃斯山谷。

　　小溪来自雪山的融雪，纯净得如刚出生的婴儿；映着蓝蓝的色彩，擦着绿树红花，打起小小的旋涡，时而急促，时而悠缓地向西流去。它是巩乃斯河的源头，是条性格奇特的大河。它置"水向东流"而不顾，反其道向西，汇入伊犁河，跨过国界，注入哈萨克斯坦的巴尔喀什湖。

　　天山云杉自有特殊的风韵，树冠如锥形，依踞山崖高低，层层叠叠，排列有序。不知是雪山映的，还是大漠风的熏染，那绿，闪着银色。银白的雪峰，黛色的山峦，银绿的杉林，组成了看一眼后终生难忘的画面。如果说天山是雄伟的化身，那么云杉就是秀丽的代表；如果说天山是一首壮美的诗，那么云杉就是跳动的音符！

巩乃斯林场坐落在云杉林中。我们今天 500 千米的行程已进行了大半，选了这么美的林区午餐，应该感谢司机小李。饭馆门前的小集市上，摆满了雪莲、贝母、党参、蘑菇……补偿了无法去高山探访这些山珍的遗憾。老梁说，附近有温泉。因为还有长路要赶，而小李又善解人意，总是在我们表示惊奇的地方放慢了车速，只好不去温泉了。

以后的路程，长时间在云杉林的山谷中绕来转去，大自然像是特意安排，让我们领略魔化了的天山的不同侧面、云杉的多种形象……

不知不觉中，云杉突然离我们而去，和来时一样毫无预示。车向高山爬去。又到一大坂，之后就在山峦上左盘右绕，盘得你心焦；只有眼底的雄鹰，为这凝固的荒野划出淡淡的波纹。

车终于下山了，虽然开头犹犹豫豫，不多时就异常坚决地往下冲去；像位滑雪运动员，起伏有韵。

地势开始平缓。右侧山坡一片金黄，黄得耀眼。我们正在为这灿烂的花山惊叹时，老梁却出语惊人："那是油菜地。"中原 5 月就收获菜子了，这里 9 月初，才是盛花期。大自然就是这样号令万物的。

山谷中小盆地展开一片舒坦的草场，像是好客的主人，正在抖铺绿毡，迎接远方的客人。草场尽头是连片的房舍。

巴音布鲁克自然保护区到了。时间已近下午 6 点，西部的时差，此时太阳还高悬在西天。接待我们的小马，很为我们晚来了二三天遗憾：就在那片如毡的草地上刚举行过蒙古族盛大的节日活动——那达慕。赛马的蹄声如金鼓擂鸣，震荡山谷。会标上还特别标明"东归土尔扈特人"。"东归"，是对两个多世纪前先烈们的缅怀，是对那次惊心动魄迁移的赞颂，是对子孙后代进行的英雄主义教育。

小马有 30 多岁，瘦瘦的中等身材，在保护区工作已四五年了。

我似乎已听到了天鹅高亢的鸣叫。小马理解那急切的心情，茶未喝一口，又踏上路程。

相依相伴

这对天鹅近几年都回到这里生儿育女，与这家蒙古人相处融洽和睦。

两山对峙，路在中间如抛物线。刚走出山口，尤尔都斯大草原非凡的气势，惊得我们抬不起脚步。

天蓝得滴水，皑皑白雪的远山，银峰列阵，尤尔都斯盆地是起伏的山坡。灿烂的阳光下，大草原如绿海，泛着秋红色的微波，闪着星星点点的银光。尤尔都斯是我国第二大草原，仅次于鄂尔多斯。

时间已经不早，说是天鹅也要休息，小马催我们登车。车沿着右边的山脚行驶，过了一段路后，就在草原上起起伏伏了。

前面闪着小湖的明亮。小马一再叮咛我们：天鹅是非常尊贵的，它们热爱自由、宁静，非常厌恶打扰，千万千万不要惊动了它们。

我们悄悄地向湖边走去，草原上行路，脚下软软的，有着弹性，很惬意。

"看到了，在蒙古包那边！"李老师还是忍不住惊喜！

"一只！那边还有一只！"

湖对面有顶白色的毡包，毡包旁堆了草垛，再边上是一只悠闲吃草的枣红马。

靠蒙古包的水面，一只雪白的天鹅浮在水中；挺着柔美的长颈，高昂着头，黄黄的嘴，前喙黝黑，极优雅地缓缓向西飘逸，犹如一只孩子的帆船。前面还有一只。这是一对恩爱的伴侣。

这是大天鹅。保护区里生活着我国的三种天鹅：大天鹅、小天鹅、疣鼻天鹅。

"灰的，一只灰的游出来了。"

湖中有一土墩，那只灰色的天鹅正从土墩后游出。那是它们今年刚出生的孩子。初出壳的天鹅绒毛雪白，不久又变为灰色，待到灰色褪去，又换银装，那就预示着它已有了副坚强的翅膀，即将跟随父母起程迁徙。

一位头戴纱布、富态的蒙古族大嫂从毡包里走出，手里提着奶桶。我们生怕她惊动了天鹅，破坏了观看的好机会。他们之间的距离是那样近，最多也就十来米吧。谁知天鹅们熟视无睹；之后，她多次进进出出，天鹅们却只顾沉浸在悠闲的生活中。

小马说，这对天鹅近几年都回到这里生儿育女，与这家蒙古人相处融洽和睦，10月份恋恋不舍送走它们，来年3月，大嫂常常抬头注视远方，盼着它们归来，这里还有个小故事，待会儿看到麝鼠窝时再说。

牧民、毡包、羊群、小湖、天鹅……人与天鹅相依相伴，自然绘出一幅天人合一的感人图画。是一首人与自然的颂歌。

"只有 3 只?"

"水面太小。整个的生物量只够这一家子。"

小马要我们注意小湖中的土墩，土墩不大，顶端不过筛子大；说天鹅的巢就筑在那上面。天鹅繁殖时，对巢区选择非常严格，大多选在水中的土墩。待看完了这一带的天鹅湖，你们就有印象了。

富饶的甘泉

> 这些挺水植物的穗头已是深红一片，看不清是晚花，还是草籽。它们参差有致，形成了无数隐蔽的水湾。

我们继续向天鹅湖腹地进发。因为沼泽，只得绕道；到一高坡，下车，俯瞰盆地，又是一番景色。小马却要我们看远山——

这里是天山的腹地，盆地的北边是依连哈比尔尕山，西是那提山，南为种克铁塔盖吉克山。四周雪峰冰川像是镶嵌在硕大无朋的绿宝石皇冠上的银边。中部的艾尔温根乌拉山将盆地分为两小块。保护区海拔 2400 至 4500 米，总面积为 137 万公顷。

无数的支流从天山的河谷中流出，汇入到一条闪亮的大河。开都河像是也具有土尔扈特人的灵气，自由自在，无限贪恋这个宁静、纯洁的聚宝盆，盘绕回旋、回旋盘绕，犹如一条舞动的哈达；于是留下了一弯弯河曲，星罗棋布的湖泊、沼泽……从东南方向流出了盆地，浩浩荡荡，并在其下游库尔勒附近形成了博斯腾湖。开都河是南疆重要的水源，年径流量为 34 亿立方米。

博斯腾湖为新疆第一大淡水湖，面积近 1000 平方千米，出产优质芦苇。我们曾特意乘船在苇荡迷宫中迂回；紫英英的柳兰，漂在水面的金钱草，黄灿灿的小花……尤其是一汪莲荷，粉嫩的芙蓉，真使人如在江南水乡。可是，有一片水域的水已发出臭味，博斯腾湖也遭到了污染。那天，顾主任就是特意去察看这一危险的信号。

在蒙古语中，巴音是富饶的意思，布鲁克意为甘泉。在开都河的上游，密布着泉眼，四季涌溢，其中还有温泉。尤尔都斯是突厥语，其意为满天繁星。无论是巴音布鲁克或尤尔都斯，都是大自然神奇造化赋予它们的名字。

草原上大路通天，无所谓路，看清了目标往里奔就是了；全凭司机的经验判断地形。

小李以中速行驶，曲曲折折，时而越过浅水小溪，绕开水凼。

草不深，植被中多是黑燕麦、看麦娘、早熟禾、针茅、羊茅。优良牧草较多。看不到一棵大树，也根本没有大树。紫的、白的、黄的小花一簇簇地挤在一起。

这些花儿，有时组成了一条小溪，显然，那儿不久前曾是一条小溪，有着丰富的营养。那簇簇拥挤的小花立地处，也应是水丰土肥的地方。这里年平均气温是零下 4.7℃，夏季凉爽而短促，寒冷的冬季却无比漫长。自然的选择使这些植物在时令来临时立即抓紧开花结果，完成神圣的繁育生命的重任。

又得弃车步行了。一匹骏马斜刺里奔来，骑士是位蒙古族的青年，土尔扈特的后代，肩宽腰直，红扑扑的脸上洋溢着热情诚恳。他说汉语不太流畅，但那意思听明白了：沼泽地区很难行走，要不要马匹？我的马群就在附近。小马说他给我们领路，谢谢了。青年一躬身，勒转马头又风驰电掣般地走了，留下一串马蹄声回荡在草原，回荡在我们心间。

夕阳下的水泊群闪动着霞光，丰茂的水生植物将偌大的水面隔成了大小不等、形状各异的湖泊。水冬麦、水毛茛、苔草……这些挺水植物的穗头已是深红一片，看不清是晚花，还是草籽。它们参差有致，形成了无数隐蔽的水湾。

不时有一群群的水禽从远天飞来，滑翔掠过草尖，落入湖中，搅得晚霞缭乱，惊动这里的水鸟有的飞起，像是被提醒赶紧去寻找自己的群体；有的欢畅地叫着，像是欢迎远游归来的同伴。

尽管小马一再提醒，要我们注意脚下，不要只顾寻找天鹅，两眼向上跌到湖里或误陷沼泽，尽管他反复叮咛不要靠得太近，我们还是往水草深处走去。

天鹅湖抒情

即使你是个文盲，即使你是个音盲，即使你是个舞盲，天鹅们灵秀的动作也一定能唤醒你心灵深处的情感！

左前方有一群天鹅，总共有 20 多只，在水湾中戏水。天鹅的腿比不上涉禽类的白鹤、黑鹳、鹭鸟，它们只能用长长的脖颈在水中觅食鱼虾等水生动物或草根。有两只将头插入翅膀小憩，更多的是在梳理羽毛。

天鹅湖笼罩在宁静中，这种宁静纯净得如雪山一样；雪山的壮美总是散发着寒气；而这里的宁静充满了牧歌的情调，如诗、如歌、如画，飘荡着灵气，洋溢着生命的芬芳。

突然，在一串响亮的击水声中，一只天鹅展开了雪白的翅膀，两脚有力地配合着快速轮番拍打水面，留下一串水花，渐渐升起；然后缩回了双腿，向后伸去……飞翔到天空。在霞光漫天的背景中，如一腾飞的雕像，直到它倾斜翅膀，悠忽变形，滑向远方……

它刚刚起飞的水面骤然响起一片天鹅们的鸣叫，它们仰颈向天，有的甚至引起前身呼喊……天鹅的鸣唱有种特殊的韵味，个性很强：高亢、嘹亮，蕴含着金属音，如小号吹奏！

号角齐鸣中，鹅群纷纷活跃：有的相向争鸣，有的腾起击水但却不飞离水面，有的抖开翅膀……

两只不鸣不唱的天鹅在水湾的弧形水面上用喙相互梳理羽毛，还时时交颈摩挲，特别投入，投入到忘我的境地；令人顿然醒悟，忘情正是有情的最高境界，有情正是忘我的表现！

奇了，那只远去的天鹅竟然悠悠地、飘飘忽忽地从霞光中飞来了，回到了部落……

无论是鸣唱或是戏水，或是抖翅扇羽……都展现出一种无比的高雅自然，毫无夸张、毫无修饰……心灵感到一阵阵的颤动，感悟的情思悠悠而来……是的，这就是芭蕾舞《天鹅湖》最为摄人心魄之处，最能撩起人们对生命、对爱情、对自然、对宇宙，对一切的一切的情思、向往、思虑、憧憬……

即使你是个文盲，即使你是个音盲，即使你是个舞盲，天鹅们灵秀的动作也一定能唤醒你心灵深处的情感！

天鹅湖永恒！

大自然养育了艺术！

我们观赏这幕自然的天鹅湖足足有半个小时，谁也没有发出丝微的声响，谁也没有挪动一步，直到魔幻般的晚霞迷离了湖面，只见到天鹅们的隐约的身影；这时才发现脸上、脖子上落满了蚊虫，接着是噼里啪啦的拍打声。

好家伙，蚊虫成群，黑麻麻地从沼泽中飞起结阵，从四面八方向我们袭来。人们都说海南岛的蚊子大，"四个蚊子一碟菜"，这里的蚊子只要两只就够上一碟了。我曾多次吃过苦头，连忙要李老师用衣服将头裹起，快步走动。小马嘿嘿地笑着，连声抱歉："怪我没提醒你们。"可谁又提醒了小马呢？谁又能将小马从天鹅湖的忘我中唤醒呢？

霞光万缕射向湖面，顿时映出一片红霓，雪山如红宝石般莹莹闪光，草原也弥漫起各种色彩。不知什么时候，西天已布起一块块、一条条的乌云，那最大的一块遮住了夕阳。夕阳却热情地为它们镶上红边，为形状不同厚薄各异的云层映耀出五光十色。

我们向晚霞浓艳处走去，那边的湖面落满了水鸟。刚靠近，它们一齐乱喊乱叫，扑棱棱飞起，原来是群野鸭。小马说这些野鸭最肆无忌惮，最不讲体面，到哪里都是嘎嘎叫，大惊小怪。但它们飞起时，阵势还是有模有样的，在天空把脖子伸得很直，呼呼有声，很受看。辟鸟是另一种性格，是潜水冠军，不声不响地成天在水底寻找食物……

"雁，大雁！"李老师眼尖，这一声惊呼不算太大，因为小马一直在说话，但那指示的动作却惊动它们飞起。嗨，就在我们身后不到20米有块洼地，苔草很高，刚才它们就隐身其中觅食。大雁是一夫一妻制，社群有纪律，在休息和觅食时哨雁负责警戒。哨雁肯定一直在注视着我们的行动。

麝鼠城堡

同类侵犯了它的巢区，它奋起驱赶，但对野鸭和别的小鸟却能容忍。

小马领我们穿过沼泽地中一条窄窄的小埂。苔草圈起半亩大的水面。水中有一土墩，出水有五六十厘米高。我正想问是不是天鹅留下的巢时，发现土墩不是天然形成的，而是刻意垒起，用草根和着泥巴，一坨一坨垒砌成下大上小的圆柱形，下端直径总有八九十厘米左右……显然不是天鹅的杰作。泥坨虽不大，但天鹅用扁嘴无法完成这样复杂和繁重的劳动。

很奇怪，谁到这沼泽地造这样的建筑？这样的建筑又是作何用的？

"麝鼠的城堡。"老梁说。

"麝鼠有这样大的能耐？"

话刚出口就感到冒失，因为河狸就是水中建筑大师，别看它生得胖乎乎，却能巧妙地将直径几十厘米的杨树咬断，在水中架设拦水坝和复杂的巢区。

小马说，麝鼠虽在水中觅食，但却喜欢住在干燥的地方，所以在水中建起城堡。看，那边还有一座……它可是天鹅的天敌。

天鹅每年三四月份从南方归来，开始爱情生活与选择巢区、筑巢等活动。天鹅对巢区的选择非常严格，这也难怪，因为这直接关系到种群的繁衍。根据近几年的研究，首选是水位比较稳定的地方，否则水忽然大起，巢就要遭受水灾。但一定要有大面积的浅水区。由于体型结构，天鹅喜欢在浅水区觅食。当然，应该有水生植物，特别是茂盛的挺水植物，能构成良好的屏蔽，使它们的小宝宝能在安静的环境中生长。再是选择水泊中的土墩或小岛。土墩或小岛离岸要远一点。土墩外围最少要有十米以上没有遮拦的水面。

天鹅是大型水鸟，身长1米多，体重，起飞时需要跑道，这点和飞机一样。

国外有则报道说两只天鹅落到森林中的小池塘，等到要离开时才发现四周高大的森林挡住了航线，水面小了，满足不了起飞的要求。它们悲伤哀怨的鸣叫终于召唤来了护林人。为了救这两只天鹅，人们只得忍痛在林中砍伐，在空中造出一条通道，终于使天鹅脱离了囚禁地。

天鹅有划分巢区的习性。最密集的地方，两巢之间的距离也在几十米，否则难以保证哺幼育雏所需的食物。同类侵犯了它的巢区，它奋起驱赶，但对野鸭和别的小鸟却能容忍。

正因为需要这样严格的条件，保护区内，只有离开主河道的约 100 平方千米的沼泽地才适宜于天鹅繁殖。

鸟类的巢不是遮风避雨的居所，是产房和摇篮。筑好了巢，雌天鹅开始产卵，一般每个繁殖年产四五只，但也有七八只的。在产卵过程中，蛋被偷了，会再产。天鹅蛋很大，乳白色，每个有六七两重。夫妇轮流孵化，到 5 月份雏鸟开始出壳，但要在几个月后才能飞翔，10 月底 11 月初才能跟随父母远去他乡。

这段时间是天鹅最易受到天敌伤害的时候。

麝鼠的破坏性惊人，它喜爱偷食天鹅蛋，且方法非常巧妙：从水底打洞，由地道中去猎取；再就是待天鹅筑好了巢、产了蛋，它却运去了泥巴、杂草将蛋盖上，据为己有……

"那座蒙古包里的土尔扈特牧民帮助天鹅清除麝鼠，于是和这对天鹅结下了深厚的友谊。对吧?"

小马笑得非常灿烂。

土尔扈特人和天鹅

天鹅每年南来北往于万水千山之中，不也是对幸福生活的向往而产生的坚韧不拔？

小马又说在保护区内还生活着大灰背隼、棕尾狂鸟这些猛禽，赤狐、狼也是天鹅的天敌，它们专事猎取幼鸟。孵化期间，每当敌人来临时，天鹅会主动飞起出击，几只甚至几十只轮番向敌人扑去，场面感人、壮观。

飞鸟追杀狐狸的故事，有人说出自青海湖鸟岛。这里的牧民也有这样的故事，叙说天鹅轮番攻击，穷追不舍，直到狐狸累得倒地毙命。

育雏期间，雄天鹅主要担负守卫工作，一旦发现敌情，首先用高亢的鸣叫警告侵略者，通知雌天鹅，同时向敌人游去，迷惑、引诱敌人。妈妈立即带领孩子躲入草丛中。

巴音布鲁克是天鹅的故乡，在这里生活着数千只天鹅，又是水禽的乐土，生活着几十种水鸟，共十多万只。每当春天来临，几十只、上百只的天鹅群飞来，湛蓝的天空如开满了朵朵雪莲……

　　夏秋两季，父母带领孩子飞翔，锻炼翅膀、学习生活；迁徙之前，漂泊、结群，更是一片繁忙。几乎每个早晨和傍晚都能看到几百只、上千只天鹅在湖泊群上空盘旋；齐声的高歌响彻整个盆地，壮美得你找不出语言来描绘。

　　土尔扈特人热爱天鹅，把它奉为神鸟。哈达是白色的，天鹅也是来自天际的纯洁的精灵。当归来的天鹅在蓝天飞来，他们仰望着，甚至焚香膜拜，祝愿洁白的神灵保佑草原牛羊兴旺。

　　那顶蒙古包里的牧民不仅帮助天鹅驱赶天敌，还时时给幼天鹅投食。我们拜访过那位大嫂，她说那一家天鹅是

天鹅的故乡巴音布鲁克

他们邻居，只要它们一来，天也暖了，草也茂了，花也开了；想它们就是想念春天，想念鲜花盛开！

我们正是依靠蒙古族牧民才保护了天鹅的故乡；仅仅是保护区的几个人，那是远远不能胜任的。

落日将西天烧得轰轰烈烈，余晖将草原笼罩在淡淡的粉红中，湖泊中闪亮星光，远山只有雪山银峰染色，一切都在大自然和谐的安宁中。宁静得你不想说一句话，走一步路，只想融入这静谧中，享受遍体舒坦的温馨。

我们踏着柔柔的草，在淡淡的暮霭中呼吸着芬芳，缓缓地走着……

一声长长的马嘶骤然响彻夜空，不禁一震，心潮搅起……

土尔扈特人热爱天鹅，是因为他们和天鹅有着太多的相似之处？土尔扈特人从新疆到顿河，经过一个多世纪后，又从顿河回归，这种举族大迁徙需要何等的勇气和毅力。那血液里奔腾着何等的豪迈，剽悍！对自由幸福、浪漫生活的向往，照耀着不屈不挠奋进的路程。当年他们回归后，选中了这方水草丰茂的地方，再创造新的生活。天鹅们每年南来北往于万水千山中跋涉，不也是对幸福的向往而产生的坚韧不拔？

一代天骄成吉思汗的血液在土尔扈特人体内流淌。这位一手举着太阳、一手举着月亮的英雄，带领他的民族踏遍了欧亚大陆，被誉为"雄鹰"、"海东青"……思绪由此延伸，竟引出过去记忆中一段错综复杂的往事……

天鹅产珍珠

居住在浩瀚大漠中的蒙古人猎珠的工具，就是海东青。

远离大海的古代蒙古人酷爱珍珠，他们当中流传着很多有关夜明珠的神奇美丽的传说。

"天鹅出产珍珠"——当我第一次听到时，第一反应是天方夜谭。海珠产于大海蚌类，淡水珠产于江河湖泊的蚌类，鸟类怎么可能具有出产珍珠的本领？这是风马牛不相及的事。如果说有什么联系，那么就是天鹅和蚌类，其生活都离不开水。虽然说故事者在我穷问猛诘之下并未能作出令人满意的回答，但理智告诫我，千万不要轻易否定大自然的神秘创造力……

这在远古，可否也是他们热爱天鹅的因素？

古代蒙古人为游猎民族，狩猎是一项重要的生产活动。蒙古人盛行养鹰，鹰成了狩猎的重要工具。鹰中尤以海东青为贵。

成吉思汗被誉称为雄鹰、海东青，证实了海东青是鹰中最强者。在分类学并不发达的古代，将猛禽一类统称为鹰是可以理解的。

这些，都是多年来读书杂忆中的片片断断，今天，海东青的说法已不流行。当时也未深究。后来读一本书时（已记不清书名），偶然中又碰到了"海东青"的出现，文中说得稍具体一点：海青，也叫海东青，是一种凶猛的雕。它"出五国。五国之东接大海，自东海而来者，谓之海东青"。还说它凶猛如"羽中虎"，同时又说到它是当时北方游猎民族的珍禽。在蒙古族传说中，它是吉祥鸟，是英雄的化身。这里的记载已与前面的记忆有了一定的联系，也再次作了印证。

之后，我参加了野生动物考察，逐渐对鸟类的生活产生了兴趣，特别是对生活在黄山的相思鸟，以至于萌发了创作的欲望，这就是后来创作长篇小说《千鸟谷追踪》的缘由。在和鸟类学家的相处中，对方再一次告诉我：居住在浩瀚大漠中的蒙古人猎取珍珠的工具，就是海东青。

我再次百般诘问。

他说听这故事时，初也不信。然而文字确有记载，哪本书记不清了，让我去查查看，或许能找到。

一提到书，我有些恍惚了，它勾起一种朦朦胧胧的记忆。似乎还是大学中文系学生时，有位钱教授是专门研究元曲的，名气不小，引得我也注意那一时期的文学，似乎读过一首与此有关的诗，似乎还与音乐有些瓜葛。任是怎样回忆，也无法想起出处在哪里！穷学生买不起书，书多是从图书馆借来的。

这次的故事比较具体，说蒙古猎人在春天时猎取回归的天鹅，取其嗉囊，寻取珍珠！

他以鸟类学家的视角解释：天鹅在南方海滨、湖泊越冬，食蚌壳，能得珍珠；而珍珠又不易消化，因而留存嗉囊中。天鹅在南方湖泊越冬，是事实；在海滨越冬，也由山东黄河出海口自然保护区及江苏盐城海滩保护区中的天鹅得到了证实。那时的蚌类丰富，无论是海珠或淡水珠，天鹅是完全可以得到的。

天鹅是鸟类飞高的冠军，高可达 1 万米，每年南来北往的迁徙中，飞越喜马拉雅山也不是罕事；且极善长途飞翔，飞行速度每小时高达 140 多千米，前人以"一举千里"赞颂。据说在鸟类中仅次于印度的尖尾雨燕。这样高空飞翔的鸟，弓箭不及。那人们用什么去猎取天鹅呢？用的就是海东青，经过训练的海东青！

海东青不仅凶猛，飞得也很高！

从鸟类学家口中说出的故事又令我不能不信。

琵琶古曲

"新腔翻得凉州曲，弹出天鹅避海青。"

从考察中归来时，一路上思绪常常淤结于此。但书海茫茫，到哪里寻找？回到家中，突然想起简单的办法是先查《辞海》，寻找线索，终于有所得。

海东青，鸟名，雕的一种，《本草纲目·禽部》"雕出辽东，最俊者谓海东青"。

《辍耕录·昔宝赤》："每岁以所养海青获头鹅者，赏黄金一锭。头鹅，天鹅也。"

元代有驿站以"海青"为名。《元史·世祖纪》："敕燕京至济南，置海青驿凡八所。"即取雕飞迅速之意。

《秕言》："吴中称衣之广袖者为海青。按李白诗：'翩翩舞广袖，似鸟海东来。'盖言广袖之舞如海东青也。"

《辍耕录》虽然未说明猎获"头鹅"的目的，但从"赏黄金一锭"看，当然是比天鹅肉要贵重得多的珍宝，且说明猎取天鹅并非易事，尤其是元朝将这形成法律条文，可见蒙古统治者是何等看重这样的珍宝。

其中引用李白的诗，确定了"海东青"一词，在唐朝已有。

我为自己知识的贫乏汗颜。

之后，在山野中，脑际常常出现想象中海青战天鹅壮烈的场面。

海东青是哪种猛禽呢？待到又见面时，我问那位鸟类学家。却说他也不能确认。如从飞翔高度和凶猛程度判断，可能是金雕。但金雕的羽色偏红黄，如果仅凭出于东海，也可能是白肩海雕或玉带海雕一类……但不能肯定。还希望我也能注意，若是有了线索一定要告诉他。

在漫漫的山野跋涉中，有次听说一位猎人专捕金雕，驯雕，然后向猎人出售。我急急忙忙赶去。他的捕雕方法是先寻找金雕的巢。巢在悬崖断壁上，估计雏雕出壳后，悄悄地爬上去，在它脚上拴了细索，让老雕继续哺育。待到可饲养时，再去取回。可是，他在一次捕捉雏雕时，遭到了老雕的攻击，坠下山崖，死了。想知道金雕是否也有别名的希望落空。

以后，在海南岛的陵水，亲眼目睹了海雕巡猎，猛地扎入海中，抓起一条红色大鱼的全过程。对它的凶猛，有了感受。但我仍然不能确定它是不是海东青。

在一次整理旧物时，看到了一本学生时代的笔记本。经历了几十年的沧桑，它是少得可怜的幸存者，不禁翻翻。其中居然留有一小块纸片，纸片上的两句随手涂抹的诗句，使我异常惊喜。"新腔翻得凉州曲，弹出天鹅避海青。"是的，在听到海青猎天鹅时，那朦朦胧胧的记忆就是它！因为年久，确已记不清其他的细节了。我连忙去找懂音乐的，特别是熟悉古典乐曲的；尤其是琵琶，我听过《十面埋伏》的琵琶弹奏，只有这种乐器才能表达出九霄之中的搏斗。他们的答复，使我更加惊喜，说是确有琵琶古曲《海青拿天鹅》，是现存的并能传弹的琵琶古乐中，年代最古的一首。

　　不久，我居然在无意中读到了那首完整的诗。前两句是："为爱琵琶调有情，月高未放酒杯停。"是元朝诗人杨允浮的作品，他随元顺帝到滦京时，听到有人弹奏《海青拿天鹅》，兴奋之后的抒发。又还从古籍中读到在明朝，河南有位著名的琵琶演奏家张雄。他在弹奏《海青拿天鹅》时，听众顿感天鹅叫唤之声绕梁。他也因善弹此曲而享名。

　　这是历史中，蒙古人与天鹅的一段纠葛。

　　这也更激起我想知道海东青究竟是哪种雕的渴望，尤其是驯雕人的训练方法。对于雕、鹰的训练，不仅需要丰富的经验和技巧，视狩猎对象，制定方法，而且还应有坚忍的意志，才能完成复杂艰苦的程序。

　　天鹅是飞高冠军，又是飞翔健将，别看它善良、美丽，但如果遭遇强敌，肯定不会束手就擒，而会奋起英勇战斗。它们敢于驱逐狼、狐狸已经说明问题。我曾在山野中观察过鸟类的空战，那战略战术的运用，弱小战胜强敌的表现，令人类也不得不惊叹。或许近代空战中的种种，起始就是向鸟类学习的哩！海东青是依据什么特殊的优势，在搏斗中取胜的呢？……

　　对我说来，这是个谜。

　　今天，土尔扈特人对天鹅的崇敬、呵护。天鹅湖畔，那顶蒙古包中一家人，与天鹅一家的相亲相爱，不也是一种反思和醒悟？

呼 唤

人类的伟大，正在于能够正视错误，改正错误！

在巴音布鲁克天鹅保护区，最大的敌害与威胁，已不是违法偷猎。自1980年建立保护区以来，天鹅种群已有了增加。在库尔勒，顾主任曾对我说过：尤尔都斯盆地还是个理想的修筑水库的地区，不仅蓄水，还可发电，在这西部干旱地区，水的意义不言而喻。在论证中，得知这将破坏天鹅的栖息、繁殖地之后，蒙古族自治州果断地决定另选他址。在当时，这是我国为保护一个物种而否定大型建设的第一例。

1996年3月8日，第一批天鹅已经回到巴音布鲁克。下旬，突然天降大雪，积雪约60厘米。这对经过长途跋涉、疲惫不堪的天鹅，真是横祸临头。土尔扈特的牧民们置自己的牛羊不顾，纷纷上马，抢救天鹅。那次的损失是惨重的，但如果没有牧民们的救护，损失更大。

过去，因为年老体弱，或因为雏鸟出壳较晚，每年留在不结冰的涌泉一带过冬的天鹅，只不过百把只；但近年来猛增到四五百只。初步检讨，是因为投食较多而引起的。这也是"爱之、害之"吧！但却为保护工作提出了值得深思的问题。

人类虽然正在逐渐认识疯狂掠夺自然的恶果，然而保护大自然，不仅需要付出成百倍的、子子孙孙的努力，而且需要科学！

我国的很多自然保护区，正在呼唤科学。

人类的伟大，正在于能够正视错误，改正错误！

不知不觉中，我们已回到小镇。小马连忙准备马匹，明天我们将骑马深入沼泽地，探寻天鹅故乡的腹地。

……

今天要离开天鹅的故乡，起得较早。淡淡的晨雾中，草原初升的太阳又圆又红又大。

出门不远，遇一牵马蒙古牧民。我因为不会说蒙古语，只能满面笑容地点头，谁知他躬了躬身，却用汉语说："一夜平安吗？"我答道："您好！"但却非常纳闷这种问候语。问小马，他笑了，这是土尔扈特人流传下来的特有的早晨问安语。土尔扈特人在东归的途中，每晚都可能发生战争，还有瘟疫、劳累、寒冷，致使很多人第二天就不能生还，所以，黑夜是最难熬过的。"一夜平安吗？"成了最好的、最恰当的问候语。

目的地是轮台，经过库车，民谚："吐鲁番的葡萄哈密的瓜，库车的姑娘赛朵花。"那是古龟兹国所在地。

天山展秀丽

　　当你在山野中感到失望时，绝对不要埋怨大自然，那是因为你走的路太少了。

　　应我的要求，车在尤尔都斯大草原上中速行驶，领略草原的风光。刚到一高坡，一群群牛羊，如盛开的大花，绣在绿绒的毯子上，雪白的帐篷更为夺目，看得你想大声歌唱……幡然悟出：蒙古歌曲，为何都是那样高亢、那样悠扬。

　　老梁说：让你见识见识真正的大草原，真正的牧场！

　　同行的小王突然指着草原中一低洼处，说是去年在那里的地窝里，擒获了3个来偷猎猎隼的尼泊尔人。

　　车内顿时一片沉默。

　　直到路旁出现一大群羊和牦牛时，大家才又活跃起来。这群羊中有很多黑头羊，特别可爱。小王说，是尤尔都斯草原的特产。和牛羊玩耍、拍照，忙得兴高采烈。

　　车行2个多小时，天山已经睹面，我们即将进山了。没有谁的吩咐，小李将车停下。大家不约而同地伫立，回首观望，都想将巴音布鲁克深深地印在心里，成为永不磨灭的美好！

我已是五越天山了，每次总是先进沟，在山谷中迂回；再是盘山、越岭。虽然沟沟有异，山山不同；但山色的单调、路途的漫长、孤寂，总有种挥不去的无奈。今天又是难耐的重复？此处天山，应是南天山。

岭回路转，迎面雪峰银亮，才看清高山有一帐篷。小李说，过去还要往上爬，直到雪线才有山口；现在开了隧道，是新疆最长最高的隧道，只要爬到海拔 3000 多米。

隧道口的帐篷，是一对维吾尔族夫妇开的小饭店。花裙子、小花帽特别耀眼。

过了长长的隧道，路在河谷左边山崖向下逶迤。河谷中白色的石流浩大，有一细小的水流从中婉转。

又见云杉林，从山上俯瞰，云杉林如枪矛直立，威严、冷峻。

水光撩眼，啊，一汪碧绿泛蓝的小湖，躺在天山的怀抱中；它又将云杉，雪山统统揽入胸怀，倒影的清晰，连云杉的权枝也看得清清楚楚。这突然使我想起在九寨沟，由于森林的茂密，我们没有找到大熊猫，正在焦急之际，意外地从五花海的倒影中，发现对岸竹丛中有只熊猫！在野外，常能看到最奇特的景象。

到达沟底，小溪从一片流石滩散漫流过，四五匹马正在榆树林中吃草。看它们那悠闲的模样，引得我们口干肚饥。

一连几个高山湖泊，最精彩的是湖为彩色，水色显出黄的、绿的、蓝的，形如宝石，放射出宝石的荧光。

刚过宝石湖，山色陡变。右边山体一片丹赤，典型的丹霞地貌。赤壁红岩塑造出多彩的形象，或如城堡、或如壁画……层出不穷。老梁说，这是一条艺术长沟，曾引来几位摄影家盘桓两天，拍了几十卷胶卷。

待到出了天山，左边山体又是雅丹地貌。大漠的风将山体侵蚀成魔怪一般，虽不及魔鬼城那般诡谲，还是令人惊叹万分。

感谢天山这次以秀丽、多姿、迥异的风格，酬劳了我们的跋涉。于是，我想：当你在山野中感到失望时，绝对不要埋怨大自然，那是因为你走的路太少了。

一片绿洲终于出现，那就是库车！

后记：

巴音布鲁克——天鹅的故乡，是我最为怀念的地方之一。那如诗如画的天鹅湖，那辽阔的微微起伏的草原，那蒙古族兄弟的纯朴……至今依然激励着我。

2005 年，我们再次去库尔勒时，听朋友们说，为了保护那块珍贵的湿地、天鹅的故乡，修建水电站的计划已被搁置。这是文明的胜利，是生态道德的伟大。

救救胡杨林

沙漠公路的起点

思绪能自然地飞驰到宇宙大爆炸后地球的幼童时期，心中涌动起万千的想象。

翻越了神秘的天山，我们终于从天鹅故乡，来到神往已久的塔克拉玛干大沙漠。

塔里木是我国最大的盆地，面积约 53 万平方千米，相当于 15 个台湾省。周围高山环立，又远离海洋，气候极端恶劣，是世界著名的干旱区。在盆地东南的有些地区，终年不落一滴雨星。塔克拉玛干大沙漠就横卧在盆地中心。维吾尔语"塔克拉玛干"，意为"进去出不来"的死亡之海。

我们由古丝绸之路重镇轮台县城出发。路线是当年为建立这个保护区、曾数次率队来此考察的梁果栋先生选择的。

出了绿洲防护林带，无边无际的荒漠，黄乎乎的天地，顿起苍凉。突然，出现了奇异的景观，荒漠中隆起一个个圆形的土包，星罗棋布，如瀚海绿岛。土包上长着灰绿色的灌木，那灌木上有的还摇荡着绯红的花穗。令人眼睛一亮，神情一振。老梁说，那就是灌木红柳，土包是著名的红柳包。

红柳充满了顽强的生命力，它的身影总是出现在茫茫的戈壁和大漠中，催人振奋。它只要扎下根来，就能固住沙尘。沙高一寸，它长高一尺，根系特别发达。你看，千百年来狂暴的风已将它周围的土层剥蚀，剔卷而去，只有它仍然守住了立身之地，才形成了这一奇特而又壮观的景象……这是一首深沉的哲理诗。

未行数千米，像是应验老梁的话，红柳包不见了，大漠已经改观，一片寸草不生的土地，泛起白得耀眼的盐碱，令人毛骨悚然。老梁说，这是植被被破坏后的恶果，干旱区的植被异常脆弱，只要遭受破坏，就很难再恢复。

荒漠中的轮南镇是新建的小区，这里驻扎着开发油田的一个前沿指挥部，竖起的井架、采油树、巨大的油罐，为这个万古荒原带来了现代的气息。我们从这里踏上了贯穿塔克拉玛干大沙漠、全长522千米的沙漠公路。这条公路也称石油公路。它是石油部门为开发蕴藏在大沙漠地下丰富的石油而修筑的，在流动性的大沙漠中建造这样漫长的柏油路，其丰功伟绩都已记载在起点的纪念碑上。

9月应是秋风送爽了，几天前在巴音布鲁克天鹅自然保护区，我们已穿起羊毛衫。但行进在塔里木盆地，却又热汗淋漓。

初始，无边的瀚海，沉寂的戈壁，如魔如幻的旋风，思绪能自然地飞驰到宇宙大爆炸后地球的幼童时期，心中涌动起万千的想象。然而数小时连绵不断的茫茫荒原，单一的黄褐的色调，不知不觉中情绪发生了错位，空寂油然生起……

死亡之海中的河流

　　　　它们共同组成了一个特殊的生态体系。营造了一个个绿洲。

　　逐渐看到大漠之上出现大树的身影，在滚滚相催、丘峰如涛的沙海中，看到天宇中胡杨树，闪耀着夺目的绿色。它们昂首挺立在沙丘之上，绿色的树冠，如旗帜、如号角。我们这支五人的小队伍齐声欢呼：胡杨！是的，只有胡杨才能傲视死亡之海！

　　它们的形象极具个性，独立的，躯干拧拗，树冠随势伸张，似是正在搏击；数株集结成群体的，绿荫联袂……有棵大树，另有一粗壮枯干，如戟如剑直指天穹，身旁有株更为粗大的胡杨崛起，那浓绿繁盛的树冠，就是一片绿洲……难怪古人曾以"交柯接叶万灵藏，掀天踔地纷低昂。矮如龙蛇欻变化，蹲如熊虎踞高岗……"来描摹它。是的，它们在这片恶劣的环境中生长，取得生存、繁衍的权利，就得面对环境的艰险；每一棵胡杨的形象都是一部奋斗的自传，性格的写照、生命的颂歌！

我们加快了步伐。胡杨逐渐由稀疏到连片成林。人人都很兴奋，因为它预告好消息。不久，塔里木河大桥长长的身影就出现在视线中了。

桥长约1000米，宽阔的塔里木河从大桥下缓缓流过，在清亮的流水中，映出两岸茂密胡杨林的摇曳的身影，似是无限眷恋的情人缠绵悱恻，款款并肩而行。

多年的考察生活，使我非常注意江河流水的清亮与混浊，因为它们会告诉你很多这个地域中的生态信息，眼前这幅清丽的生命画面，就是在大漠中跋涉者的一泓甘泉，一种无声的慰勉……

塔里木河是条生命河，它横贯盆地和塔克拉玛干大沙漠。在古突厥语中，"塔里木"意为"注入湖泊、沙漠的河水支流"，是我国最长的一条内陆河，干流1000多千米。若将来源于昆仑山的叶尔羌河加上，总长2100千米。历史上曾最后汇入罗布泊。

长河的两岸繁衍着葱葱郁郁的胡杨林，在沙漠中形成了壮阔宏伟的绿色长廊。

河水滋润着胡杨林，胡杨林为塔里木阻挡风沙的袭击，涵养着水源。有了胡杨林，才能有林下植物，才能组成一个植被，才能繁衍出马鹿、野骆驼、鹅喉羚、鹭鸶、椋鸟……喧闹的动物世界。它们共同组成了一个特殊的生态体系。营造了一个个绿洲，养育着南疆众多民族的众多儿女。

我们久久流连在大桥上，思绪在河中流淌，水流又激励思绪——似是在与沙漠中的浪漫歌手倾谈、交流……

胡杨厄运

在沙漠中行旅，一阵大风之后，幸存者突然发现大量的古钱币和珍宝……

老梁说，我们还有很多路要走。只得恋恋不舍地离开充满生命欢乐的大河，奔向大漠深处。

一片偌大的垦荒地，震惊得我们停下。

它是新垦的，胡杨、红柳以及所有的植物被砍伐殆尽，裸露出翻耕后焦黄的土地。显然，这在保护区之内。我们没有携带测量工具，老梁以丰富的野外工作经验，目测之后说，最少有三四千亩。

我们奇怪为什么没种上庄稼。从种种迹象分析，大约是因为开垦后，发现水源有了问题，只好作罢。正在纷纷议论时，狂风骤起，在垦地上空立即腾起黄黄的浓浓的沙尘……

"这是犯罪!"老梁痛心疾首，喊出了我们共同的呼声。

不久，大片躯干挺立，没有一叶绿叶的胡杨林，更令我们瞠目结舌。胡杨林庇护之下的植被已荡然无存，数平方千米之内，只有累累的沙丘，真的是一片不毛之地。老

枯死的胡杨林

梁说，当年考察时很难见到这种现象，因为胡杨有惊人的耐旱能力，又有神奇的蓄水能力。他说了个小故事：考察队为了研究一棵粗壮胡杨的树龄，用生命锥钻进了树干。当拔出生命锥时，从孔洞中竟然冒出一股液流，水平距离长达 14 米！惊喜得队员们连连按动照相机快门。这张珍贵的照片，刊载在画报上。后来听一位维吾尔族老乡说，他们在旅行中干渴难耐时，常常从胡杨树树干上取水解渴。

　　每年汛季来临，塔里木河泛滥，洪水漫滩。胡杨就在此时大量吸水，贮存起来，度过未来的干旱。它另外一个特点，是根扎得深，只要在地下 10 米深之处能吸取到地下水，它就能茁壮地生长。正因为它具有如此特殊功能，要想将它干死，没有特殊的原因从地表到地下都断绝水源，这是不可能的。显然是人为的力量。但老梁只是沉思不语，因为这也是我们这次深入胡杨林保护区要考察的内容……

"肖塘"只有一块路牌，除了附近有间小木屋，再也没有任何建筑物了。我正奇怪它何以具有堂堂正正标在地图上的资格，数十步之遥的景物已回答了疑问：变幻无测的大自然已将大大小小的沙丘推到了面前，沙漠公路的两侧已用芦苇秆插起草格子，外围立起芦苇栅栏——防沙掩没公路的技术措施。热浪扑面而来，干燥的风，挟裹着细沙直往衣领里钻，显然，我们已进入了沙漠的核心区。

我们忘记了一切，扑向沙丘。灼热的沙粒，也热切地钻入人体一切可以容纳的空隙。每一步，都得用力拔出脚来，刚淌出的汗水，沙尘立即吸附上去。爬一座七八米高的小丘，竟然花了七八分钟。下丘，那就很惬意了——滑沙！缓速随意。李老师高兴得像孩子一样，横着往下翻滚，爽朗的笑声，如嘹亮的歌唱。引动一直站在旁边的小王、小李，也纷纷加入了滑沙的行列……万里黄沙，连天盖宇。细看沙丘，形状各异，有的像金字塔形，有的波浪形……更多是环绕有壑，逶迤起伏。你不知道它起于何处，终于哪里。路走多了，看得多了，又登上几个沙丘，才渐渐觉出那杂乱无章的沙丘，似乎也有方向，倾向南方。这就是它流动的方向？

塔克拉玛干大沙漠，是典型的内陆温带沙漠，是欧亚大陆的干旱中心地带。根据气象资料，在沙漠中心，年降水量还不足 10 毫米，周边地区，也不到 50 毫米。长年盛刮东北风和西北风，两股风交叉，沙尘飞扬，剧烈。尤其是它的南缘，年均风沙日多在 100 天以上。大风推动沙漠南移。历史上曾盛极一时的古城、古国，就在这南移的沙丘中被掩埋。今天看到沙丘立在这里，明天却突然没有了它的踪影。我曾听说过，在沙漠中行旅，一阵大风之后，幸存者突然发现大量的古钱币和珍宝。近年，随着考古和开发石油，又连续发现了古城。从重见日月的汉唐古城推断，一个多世纪以来，沙漠已向南推进数十至上百千米！

有人据此推断，这就是科学家彭加木失踪的原因。

这里的沙丘，有 85％以上是流动性的，仅次于阿拉伯半岛的鲁卜哈里沙漠。

正在沙丘中行走，忽见前方蒸腾、恍惚的蜃气中，出现了天鹅湖的沼泽、水草、飞鸟……是沙漠幻景将古典牧歌浮在沙漠之上，还是两处极大的反差激活了记忆的显现……

然而，这亘古沉睡的沙漠，已开进了石油大军；途中，常见支路伸向远方，运油车、运水车往返不绝。

我们希冀在沙漠中一睹双峰骆驼的雄姿，可是，我们没有看到它珍贵的身影，连足迹也未找到。

原始胡杨林

"这里有草爬子，一种小虫。叮起人来翘起
屁股下狠。"

　　饱览了塔克拉玛干壮观的沙漠景象，缅怀那些来到沙
漠探险的前驱，惊叹石油工业的崛起，尤其是看到在一活
动房后沙脊斜坡上，生出了稀疏的绿草，不禁想起：科学
的发展，正使"死亡之海"改变面貌。

　　这段考察行程已经结束。退出大沙漠之后，我们重涉
塔里木河大桥，再行数十千米，转入保护站所在地。

　　刚踏入这片稠密的原始胡杨林，清凉扑面，惊喜扑面。
合抱粗的大树比比皆是，树高多在二三十米，浓密的树冠
如一片绿云，只筛下稀落的点点阳光。在一处约有 10 平方
米的土地上，竟然有 5 棵高大胡杨繁盛地拥挤在一起。我
曾在海南的尖峰岭、西双版纳勐腊的热带雨林中，特意考
察过它们在 10 平方米之内惊人的生物量，而塔里木盆地、
大沙漠的边缘，竟然和它们如此相似！

　　老梁指着几棵要两人合抱的大树，说它们的树龄多在

500 年以上。当年考察时，在塔里木河下游的尉犁县境内，还有更好的林子。那里的灌木红柳都长成了五六米高的乔木，真是古木参天！可是这个季节，那里一片水乡泽国，骑马也很难进入。

快步穿过森林中小路，沿着铁架攀登 24 米高的瞭望塔，每层都是一片新的景色，直到塔顶放眼：啊！大森林，无边无际的大森林！我曾在黑龙江桃山瞭望塔上观看过绵绵绿山——起起伏伏的小兴安岭森林。盆地的森林有特殊的风韵，"茫茫林海"用在此处更为贴切，它绿得更为深沉和幽深，散发着浓郁的西部特色。若不是亲眼所见，绝难想象出在著名大沙漠的边缘，竟然有如此壮伟的森林——原始的纯胡杨林！

一条小河从森林深处流出，沿途留下一面面如镜的水凼，汇成了广阔的水面，芦苇列阵，形成无数苇荡。几只如蚁的水鸟在远处悠闲凫游……一幅生动的江南水乡图景。

"老梁，你们的丰功伟绩就在这片林海中！这是一座绿色的纪念碑，纪念着那些为保护我们的家园——地球，献出过辛劳和智慧的自然保护工作者！"

"我很担心由于工作的失误，会成为历史的罪人……"保护区内的垦荒地、大片枯死的胡杨林，仍使他沉浸在痛苦之中。

在深入原始胡杨林之前，老梁要我们放下衣袖、扎紧鞋口、裤脚……我有些惶惑："还能比南方森林中蚂蚁、旱蚂蟥可怕？"

　　"这里有草爬子，一种小虫。叮起人来翘起屁股下狠。用手使劲拔不出来，猛劲又怕拉断，若是它的口器留在肉里，很快化脓、溃烂。考察队在这里吃过大苦头，尤其是女同胞……"他说了一大串子当年的奇闻逸事。

　　如此，我们当然不敢掉以轻心。准确地说，这片原始林下是沼泽地，铃当刺、大花野麻、蒲公英、花花柴、骆驼刺、芦苇挤满了林下的空间。每行一步路，就有铃当刺以及各种带有刺针的植物扯住衣服，划破手背；就有无数的昆虫腾地飞起，麻黑一片。

　　不久，发现脖子上奇痒，一巴掌打去，好家伙，手掌上血迹斑斑中粘着四五只大蚊子！真没想到，大白天它们也如此猖狂，只得大声警告同伴。话音未落，左前方突然响起一串拍翅击水的声音，我快步疾奔，只见两只黑色的大鸟正从小湖湾中飞起，那飞翔的姿势，特别是带钩的长嘴，使我兴奋得大叫：

　　"鸬鹚！两只大鸬鹚！"

　　鸬鹚又名黑鬼、鱼鹰，是捕鱼能手。在我的故乡巢湖，渔民驯养它们捕鱼。我自小就对它们能两只共同潜水抬出一条大鱼惊叹不已，但却是第一次见到野生的它们。李老师直埋怨我大呼小叫，使她失去了摄影的好机会。其实只能怨林下植物太茂密，不到跟前，谁也难以发现还隐藏着这样一处明净的小湖。老梁说这里还有珍贵的黑鹳分布。于是，带着满腔的希望，小心翼翼地沿着湖边向前。

║ 追踪马鹿

100 多年前来此探险的俄国人普热瓦尔斯基曾惊呼："塔里木河的虎，像我们的伏尔加河的狼一样多。"

一条小溪，引着我们蜿蜒，刚拐了个大弯，听到有种轻微的异样声。我向李老师示意，她悄悄地跟上。拨开苇丛，这片小湖中果然有两只鸬鹚在水里游弋狩猎，只是距离太远了，她的变焦镜头也够不着；但她还是连连拍了数张，并相信就是不久前飞起的两只。我从摄像机中，看到四五只鸬鹚，正在一棵高大的胡杨根部土墩上晒翅，大约是翅膀的分量太重，它们非常笨拙地，时不时扇动两下以求得平衡。我们正在欣赏、寻求好的拍摄机会时，右前方哗啦啦响，腾起一群野鸭，个个都将颈脖伸得笔直。凭经验，那里有了新情况。

等我们赶到那边，正见老梁在一片稀疏的草地上寻查。从草丛披靡的情况判断，是只大型野兽。是野骆驼？不，是两只鹿的蹄印。显然，它们已嗅到了我们的气息；5 个人的队伍，散发的气息很浓；急急避开时，惊动了野鸭。野鸭的腾起才向我报告了消息。

这里只有马鹿，且是特有的塔里木亚种。马鹿在新疆还有阿尔泰亚种、天山亚种，它比驴子的身材还要高大。历史上曾记载新疆有虎，尤其是在塔里木，100多年前来此探险的俄国人普热瓦尔斯基曾惊呼："塔里木河的虎，像我们的伏尔加河的狼一样多。"但早已灭绝。我也未曾有萌生在塔里木寻觅虎踪的念头，但一睹马鹿、野骆驼、兔狲……的愿望还是急切的。没想到运气来得这样快。立即不顾一切，依据蹄印留下的信息，快速追踪。

追着、追着，蹄印在沼泽浅水中消失，但它们在六七米外上岸的水渍，以及被挤开的苇丛路影清晰可见；然而，我们没有马匹，只得怅怅地返回……老梁说，当年考察时，有次和七八只的马鹿群撞了个满怀，它们也惊蒙了，直直地站在那里盯着我们，直到大家手忙脚乱取枪填弹时，它们才如梦初醒，撒开蹄子飞奔。我们希望也有这样的幸运遭遇。

变叶杨的特异功能

老梁得意地拍掌:"所以胡杨又叫变叶杨……"

老梁指着林下一棵小苗问我是否认识。小苗似是出生一两年,嫩干淡灰绿,叶子细长如线,说它是针叶吧,理智告诉我不可能,只得摇头。

他又领我到一处,指着一棵小树问我是否认识。那主干泛着一些红色,叶形极似柳叶。南疆的柳树之冠圆如蘑菇,美丽异常。难道是它?老梁摇摇头后,讳莫如深地微笑着,才将我领到一棵青春年少的胡杨树面前,问我是否认识。

我愕然了,努力察看树干。树干上是粗糙的黄褐色如鳞的树皮,隙缝中偶尔还渗有淡黄色的如盐的结晶体,树叶形似扇,与银杏树叶有很多相似之处,叶面和叶背的颜色基本相同……它与前面树苗和小树似是毫无共同之处,然而老梁狡黠的笑容……

"难道它们是胡杨的童年、少年和青年时的形象?"

老梁得意地拍掌:"所以胡杨又叫变叶杨! 童年稚嫩,

叶细如线，是为了减少蒸发量，以抗干旱……"

植物生存的智慧和技巧，竟是如此高超！反过来说，它们为了生存和发展，则必须面对生存的条件——环境，作巨大的随机应变的自我调整。

似乎直到这时，老梁才有了好心情，语稠兴浓，侃侃而谈：

"蓄积了足够的力量，胡杨就伸张叶片，努力吸收阳光。叶片的另一种重要作用，是调节体内的盐分。胡杨树素以非凡的抗盐碱闻名，是因为它有排盐的办法：利用干枯的枝叶，新陈代谢还给大地；再是从树皮中分泌出胡杨碱——就是那种淡黄色的结晶体。胡杨碱可小有名气啊，连《本草纲目》中都记载过它的功能。维吾尔族老乡喜欢用它和面，拉出的面条特韧特香。这是它生态学上的一大特点。

"高大的胡杨树，种子却很小；淡黄色的硕果中，宝藏着绒毛球，球中有着比芝麻还小的籽。硕果成熟裂开，种子就如乘着降落伞的天兵在空中飘荡，落到适宜的土地，就能生根发芽。塔里木胡杨很强的繁殖力，还表现在它能用根系长出小苗。根生树、树生根，独木也能繁衍出一片林子。"

胡杨的故乡在冈瓦纳古陆热带森林中，曾经是亚热带和热带河湾吐加依林的优势树种。2000万年前，它来到了新疆。我国于1935年在库车发现过它的1000万年前的化石。

胡杨三千岁

塔里木胡杨林是世界上最大的胡杨保护区。

李钧生是位著名的中学地理老师，平生未去过新疆，更未见过胡杨，但他告诉我："胡杨三千岁——能枝繁叶茂生长一千年！枯死之后，一千年不倒！倒后，一千年不腐烂！"考古学家在塔克拉玛干楼兰古国考察时，确曾发现当年的胡杨，至今依然没有腐烂。

我们看到的虽然已经枯凋的胡杨，却依然屹立在荒原，固守着那方土地。虽然无从查考"胡杨三千岁"的版权属哪个民族、哪位哲人或平民之手；然而我们知道，生活在干旱的塔里木的各族兄弟都特别钟爱它。

维吾尔语称胡杨为"托克托克"，意为"最美丽的树"。也正因为胡杨这种抗干旱、抗盐碱的特殊才能，它才成了新疆荒漠和沙地上唯一天然成林的杨树。

胡杨天然林主要分布于塔里木河，以及注入塔里木河的叶尔羌河、和田河、克里雅河沿岸。只要打开地图就一目了然——它主要分布在塔克拉玛干大沙漠的周围，形象

胡杨又蔚然崛起

一点，它如一条绿色的长城，紧紧地锁住流动性沙魔的扩张。是我国三北防护林的重要组成部分。

研究干旱生态，是国际上的一个重大课题。

世界上仅在中亚还有胡杨的分布，但塔里木胡杨林是世界上最大的胡杨保护区。总面积3954.2平方千米，地处塔里木河中游，横跨轮台、尉犁两县。这一地区年降水量仅为100～289毫米，年蒸发量却高达1500～3700毫米。胡杨在这典型干旱区整个生态系统中的极其重要的作用和意义，是不言而喻的。

　　是的，我们已经明白了新疆林业厅决定在这里建立保护区的良苦用心。同时，也充分理解了老梁在看到大片胡杨林被砍伐、枯死时的沉痛……

　　打击接踵而来：

　　在尉犁县胡杨保护区内，胡杨林遭到大面积的破坏，仅经过"批准"的，开荒 1 万多亩，但实际上是已开荒五六万亩！

沙魔吞噬绿洲

人类从大自然的惩罚中，逐渐明白了"大自然属于人类"是个极大的误区！

回到巴音郭楞州首府库尔勒市，看到 1998 年 8 月 22 日一份内部对塔里木河的考察的"简讯"，更是触目惊心：

"考察团不顾颠簸劳累，顶着盛夏酷暑对阿拉干和台特玛湖进行了考察。阿拉干地区水井已经干枯，胡杨长势也较差，前往台特玛湖的路上，胡杨成片成片地死亡。台特玛湖仅成为地名，不见一滴水，附近连一棵胡杨树也找不到，间或有个别土包上长着一丛红柳。东尔臣河下游的桥还在，但桥下的河道里没有水，有的是已经上了桥的沙包。晚上，考察团成员不顾满身的沙子无水清洗和饥饿，又赶到（某单位）察看了该单位因干旱被迫搬迁的遗址。

"考察团一行来到大西海子水库，据塔河管理局的领导介绍，大西海子 1994 年就已彻底干涸了。

"卡拉水库更令人震惊，不仅见不到碧波荡漾的景象，连一点死库水都没有。

"塔里木河下游干旱缺水，生态环境急剧恶化，形势十分严峻。

"一、缺水严重致使撂荒现象频繁发生。20世纪80年代以来，由于塔河上中游大规模农田开发，下游供水锐减，90年代后，断流几乎年年发生……（某单位）种植面积由80年代的10多万亩降至目前不足6万亩，耕地退缩10余千米，（某单位）60年代种植面积8万亩，70年代5万亩，80年代4万亩，而90年代只能维持在3万亩左右……

"二、生态环境急剧恶化。一是塔里木绿色走廊的胡杨林由于干旱缺水，大面积枯死，土地沙化严重。……（某单位）累计植树17620亩，但由于干旱缺水，风沙侵袭，至今陆续死亡9000亩，存活率仅49.1%。

"三、自然植被大量枯死，导致草亡沙生、沙进人退，风沙肆虐，灾害频繁。1998年4月20日由于大风和霜冻袭击，（某单位）早播的206万亩棉田全部受到冻害，其中18万亩出土棉苗冻死，3309亩果园绝收；（某单位）15万亩棉花和香梨绝收。"

从这些现实中看到了人类活动违反自然发展规律，被大自然无情报复的惨痛教训。我们不能不大声疾呼：救救塔河下游，救救绿色走廊，救救自己的家园吧！

只要打开地图，就可看到台特玛湖和大西海子水库，就能大致判断出它原来的水面，同时也可得知，它们就在罗布泊的上游。而罗布泊的干涸并非发生在遥远的年代。且不说历史记载它曾是"为西域巨泽……淖尔东西二百余里，南北宽百余里，冬夏不盈不缩"，1962 年航测时，罗布泊面积还有 660 平方千米。然而时隔十年之后，卫星测得罗布泊已经干涸。据资料记载，近年在塔克拉玛干大沙漠及其周围，考古已发现四五十处古城遗迹，而之所以成为遗迹，毋庸置疑是因为缺少了生命之泉。

塔里木河和胡杨林构成的特殊生态系统，为南疆各民族儿女的摇篮。利用自然，养育自己，是人类养育自己的原始行动。以为"大自然属于人类"，却忘了大自然并非"取之不尽，用之不竭"这一令人沮丧的事实！忘却了"人类属于大自然"这一真理。随科学和技术的发展，人类从大自然的惩罚中，逐渐明白了"大自然属于人类"是个极大的误区！但至今仍然有很多人在这误区中沾沾自喜，这是非常非常可怕的。

我们在考察胡杨林保护区期间，得知上游的阿克苏地区至今还在垦荒，有个县近年毁林垦荒竟达 40 万亩。中游也在毁林开荒，如我们目睹的就在离沙漠核心区肖塘的附近。上游开荒，下游撂荒的恶剧还在进行着。

《森林法》早已颁布，对于胡杨林绿色长廊的巨大作用，县级主政者并非完全不知，但为什么还要强行实施这些愚蠢的计划呢？据说是要有"政绩"，毁林垦荒当年见效益。至于以后呢？官已升了，恶果留给后人。

在布尔津考察国家级自然保护区喀纳斯湖时，怪事连篇：一进保护区，碰到的是旅游部门设卡收票，在湖边是旅游部门的大片旅馆。偌大一片草场由于车来车往，植被破坏，已是浮土一层。汽车时时卷起浓浓的灰尘。旅馆附近森林中堆积了大量的垃圾，臭气熏天。一位南京大学的副教授看了后心疼地说，这里要不了三四年，就会被污染破坏完了。我们询问保护区管理处，一位副主任说：县里的一位领导说过——自然保护区是国家的，但土地是我们的，保护区钉根桩都得经过我的批准——那言下之意：我想怎么办，就怎么办！矛盾至今未能解决。

请别忘了，经济的持续发展，是需要良好的生态环境的。知识经济的兴起繁荣，其基本条件也是需要优良的生态系统。以损害自然环境、破坏资源急功近利的办法取得"政绩"的人——

是该奖，还是该罚？是功臣，还是千古罪人？

救救胡杨林

干涸的罗布泊、大西海子水库、台特玛湖，
几十万亩撂荒地的沙化是面镜子。

在塔里木垦荒种植，有着很多的成功经验。在保护站
内，有着小片的试验，在胡杨林紧紧地环绕中，庄稼长势

塔克拉玛干大沙漠中的绿洲

喜人。我们特意去库尔勒附近察看了一个农场，在人工建造的胡杨林防护林带内，金色的稻穗垂头，一片丰收景象。

但是，这个特殊的生态体系也不是固若金汤；相反的，无数的事实已经说明，严重干旱区原来较为和谐的生态平衡一旦遭受到破坏，再去恢复，那就须付出十倍的努力，几十年甚至几百年的长时间的奋斗。

塔里木河、胡杨林是这个特殊生态体系中的相辅相成的两位主角。其中哪一个受到灾难，反应立即是整体的。

那份内部"简讯"，只写了考察团看到的生态遭到破坏后的惨痛景象。我们在州政府的另一份汇报材料上，得到了一串数字："巴州境内天然胡杨林从80年代的385万亩降低到现在的212万亩，而且持续逐年减少。"仅仅在巴音郭楞州，在短短十多年中，胡杨林的面积就减少了45%，这是多么惊心动魄的数字！巴州处于塔里木河中下游，整个塔里木盆地的胡杨林究竟减少了多少？减少的原因是什么？

据另一份报告说，"到目前（1998年—作者注），塔河下游完全断流已达280余千米"。塔里木河的主干流才1000多千米。往少里算，也占了1/5。塔河断流的数字，和胡杨林面积减少的数字，还不能说明这个生态环境中两位主角的关系？

长江大水，惨痛的教训已引起人们对砍伐川西森林的反思。

干涸的罗布泊、大西海子水库、台特玛湖，几十万亩撂荒地的沙化是面镜子，更是大自然频频亮起的红灯，为了塔里木不全部沦为沙漠，为了生命之泉塔里木河，为了大西北，我们是应该大声疾呼：

救救胡杨林！

后记：

1998 年 8 月我们去新疆。老朋友、新疆林业厅自然保护处原主管梁果栋先生做向导。先去野马救护中心、卡拉麦里山有蹄类野生动物保护区、哈纳斯湖；再回到乌鲁木齐，翻越天山到南疆库尔勒、博斯腾湖，前往巴音布鲁克天鹅故乡；经库车大峡谷到轮台，进入塔克拉玛干大沙漠。行程数千千米。

胡杨是沙漠的旗帜。世界上二分之一的胡杨分布在塔里木河流域，犹如绿色的长城，围固着沙漠，护卫着塔里木河，营造起一片片绿洲。在塔里木河的北岸，梁先生领我们到达他曾参加考察、建立的一处自然保护区。胡杨林遮天盖地，河溪纵横，水沼如星。黑鹳在森林上空翱翔，鸬鹚在湖边晒翅，且不时有马鹿、兔子的身影。我们似乎忘了近在咫尺的漫天的黄沙、白花花的盐碱地。

但出了保护区核心区不远，即看到大片胡杨林遭到毁灭，被开垦种棉花，或是被断绝水源，枯死在沙漠中。梁先生饱含泪水，痛心疾首地大呼：这是犯罪！

2005 年，我们从北线走向帕米尔高原。在尉犁县，大片原始胡杨林中，时常能见到胸径在 1 米以上的伟岸大树！虽然那天扬沙弥漫，还是欣喜万分。但在下游的温苏，塔里木河已经断流、干涸，偌大的卡拉水库也是空空荡荡，没有一滴水。

当我们再去拜访7年前梁先生领去的保护区时，小溪小河、黑鹳、鸬鹚没有了踪影，湖中只有很少的一点水。树还是当年的胡杨树，但失去了精气神，个个显得疲惫，没精打采。区内躺着废弃的有轨游览车，破损、锈迹斑斑的其他游乐设施。显然，在这7年中，这里曾被"开发"为旅游地……

神奇的红树林

奇根世界

　　20年之后，我想再探清澜港红树林。起因缘于在广西北海英罗湾红树林的考察。

　　按计划，那天是去涠洲岛观察候鸟迁徙的。涠洲岛在北部湾的海中，是候鸟们飞越大海的停留站，虽然已是10月中旬，但正是猛禽飞行的好季节。

　　天有不测风云，昨晚在北海银滩游水时，还是风平浪静，今早却刮起了大风，在渡口等了1个多小时后，港口宣布停航。

　　只得将去红树林的计划提前。英罗湾红树林自然保护区的海岸线有50千米长，总面积80平方千米。站在管理局观望，无尽的绿树与天水相接，异常壮观；遗憾刚巧是星期天，找不到向导，又值退潮，没有船，幸好这里已建起了旅游观光设施。我们可以沿着搭起的栈桥，在森林里迂回。

　　红海榄群落是这里的特色。我们看的这个群落，总共有100多棵树，几近纯林。红海榄叶柄红得耀眼，挂在枝头的果实上的果柄红鲜得滴水，支柱根长得高……这一切使得这个群落在红树林中别具一格。

红海榄是乔木,但这个群落中的树,都只七八米高。引发了我想看到红树林中二三十米的高大乔木的愿望。高大乔木自有一种风采——1983年去清澜港红树林的印象浮上了心头,久久挥之不去。

于是,我们结束了在广西寻找白头叶猴、银杉王、瑶山鳄蜥等的行程之后,从桂林,又赶到海南。

├— 一叶小舟向大海漂流

河湾中挤满了红树植物,组成了奇妙的图案。

清澜港红树林,在文昌河的入海口。

那是个雨后的大晴天。11月的海南岛,阳光灿烂,原野清丽。

出发时却很不顺利,自然保护部门原计划要来一位向导,但等了半个多小时却没来。而我们的行程安排得很紧,且天气预报今夜又要有雨。朋友陈耀时任旅游局局长,只好临时通知文昌县,请他们安排向导。

文昌是椰林之乡,一望无际的椰树铺展在海边,那亭亭玉立的身姿,风中拂动的羽叶,洋溢着南国风情。尽管时间很紧,我们还是经不住诱惑,停车进入椰林小憩。

巧哩,椰树研究所就在路边。然而今天是星期天,原

美丽的椰林，自有特殊的风韵

想询问的事情，只好仍然装回肚子中。

这里的椰树高大、粗壮。虽然没有三叉椰、两叉椰、神秘椰……那些风采各异的椰树，但每棵椰树的顶端，都有正在开花的、结果的，幼果、成熟的果——熙熙攘攘，一派繁荣的景象，还是撩动着每个人的心绪。

我知道在另一海滩，还有着新品种，矮化椰树。

风送来一阵机器的运行声。在林中拐了两个弯——好家伙，这里椰果堆积如山，遍地铺的是晾晒的棕色的椰衣。

原来是座小型加工厂。椰肉、椰汁加工为饮料——椰奶是驰名产品。椰壳是著名的椰雕原料；当然，椰壳的大部分是加工成椰棕，做成各种缆具。看着那椰衣如瀑从机器上下来，李老师感叹：

"真没想到椰子全身都是宝。我也明白了，海南人为什么这样爱椰子！这也是人与自然。"

清亮的文昌河，从县城中蜿蜒。这儿是和平战士宋庆龄的故乡。

我们并未在这里登船，车向东南行去。当文昌河又拦在面前，这才下车。文昌河流到这里，一改秀气风格，变得豪放，河面壮阔，波澜起伏。远处，两岸一片葱茏，那是出海口的红树林。

在浓荫深处，寻到了一条小木船。这时，有位黑瘦的老头，从堤上匆匆下来。

小木船很简陋，唯一的装备，是船尾的一台小柴油发动机，下部连着舵。舱里躺着一根只有二三米长的竹篙。

李老师看着我，我装出什么也没看见的样子。开车的司机看着两位向导。向导却正在你看我，我看你——船太小了，就是乘这样的船，在这条大河上航行，再到大海？

黑瘦的老头已解下缆绳，说了句海南话，虽未听懂，但意思很明确：要我们上船。

但谁也未动。一路兴致很高，想跟我们看热闹的司机这时宣布："我不去了！"

李老师仍然看着我。我是在巢湖边长大的，从小就喜欢驾船、划盆。我对她说：

"你第一个上，坐到船头去。没事！"

她说：

"把摄影器材留下吧！"

她完全有理由担心这样的小船，在如此宽阔的河中航行，随时有倾覆的可能。若是，人都顾不及了，还用为摄影器材担心？

事已至此，我也只有硬着头皮说：

"不用。我说没事就没事！"

她虽然胆小，但多少年来一同探险，只要是我决定的事，即使是险象环生，她也绝对同行。

李老师上船了，虽然颤颤巍巍的，还是顺利地坐到船头。

等到旅游公司来的向导上船，可就麻烦了。先是一个小青年，倒是一副满不在乎的样子；可脚刚落到船上，他就失去了平衡，手舞足蹈，如跳迪斯科一样……

"张科长，别踩船边，身子稳住。"

岸上一片惊呼。黑瘦的老头未出一声，敏捷地下到水中，一手稳船，一手将他抓住，按他蹲下。

李老师脸色木然，两只手紧紧抓住两边的船沿。

后上的是位很富态的中年人。惊魂甫定的张科长说：

"吴经理，脚往船中心落。"原来是位经理。

看样子，他已知道刚才的险情是出在重心落到船边；船一晃，他越是要保持平衡，那船也就晃得越厉害。

吴经理稳重得多，可刚上到船上，那船就往下一沉，沉得人心慌；因为船沿离水面也只三四寸了。

我上船后，要张科长仍蹲着，我和吴经理各坐一边。

张科长随时挪动位置，以求得船体平衡，很像是在钢丝绳上玩把戏。

等到黑瘦老头坐到船尾，那船沿离水也就只不过寸把了。

"船上也没救生圈？怎么搞的？"

说话的是吴经理，好像直到这时才有了大发现。

黑瘦老头一扯绳子，发动机扑噜噜、轰隆隆响起了。船头微微翘起，浪花飞溅……

"够刺激的！"张科长对李老师大声说。

李老师可笑不出——她正在风口浪尖上，水花像疾雨一般飞溅，双手要紧紧把住船沿，又要护住摄影装备……但这时已无法掉换位置，这是我的疏忽，我没有想到黑瘦老头开船这么猛。

原想请吴经理告诉船长，但看他煞白的脸色，只好自己开口：

"你把船开慢点！"

黑瘦子船长将下巴一扬——迎面驶来了一只大船，船头犁开了水浪，如雁翎展翅。

我明白了他的意思：两船迎面对开，对方是大船，掀起的浪高大；我们是小船，如不在速度上占优势，那相激的浪肯定要将小船掀翻。这时减速或停船，无异于自取覆顶之灾！

船长，看你被海风吹黑，被浪颠得精干的身姿，我知道你是惯于风浪的，你眼里也根本没把内河里的这点小风小浪当回事；可你想过没有，这四位乘客可不全是在水边长大的？

想什么都没用了。我将位置调整了一下，靠近李老师站直了身子，叫她坐到船舱底部，又将3米多长的竹篙顺到她的脚下；告诉她万一船翻了，摄影器材等等什么也别管，但千万要将竹篙抓住——那毕竟是救命的稻草。因为她根本不会游泳。

大船一声笛鸣，震得我们一惊。随即小船就在浪峰上跳跃，一会波谷，一会浪尖。

吴经理一声不吭，但面色如土。

小张科长又惊又喜地尖叫。

李老师紧紧抓住我的手臂。

摄影包在船里来回滑动。

我却像乌江行船的老大，随着浪势，不断调整身子，力求保持船的平衡。

"进水了！"小张惊呼。

我早已看到，船往哪边侧，哪边的河水就涌了进来。

"别动！找死？"

黑瘦子吼声如雷，震住了小张。

大船的涌浪已经过去，我们的小船也减了速。

嗨！迎面已是红树林了！

千真万确，船拐进了红树林中的水道。河湾中挤满了红树植物，组成了奇妙的图案，只是片刻已经靠岸。

成片的红树林

├── 有毒的红树

解铃还须系铃人，解药就在漆树身上。

吴经理刚上到岸上，随即"哇哇"大吐；吐得山摇地动，似是要将五脏六腑都吐得干干净净。小张只好又是搀扶，又是帮他捶背。

我们全身都已湿透。

李老师急匆匆地打开了摄影包，取出了照相机，又急急忙忙地回到船上。我也赶紧走了过去。

她的镜头，正瞄着一朵奇异的粉红色的花：像是聚伞花序，花丝如羽毛一般，中间挺出长长的花柱。柱头为绿色，底部已有一扁圆形的幼果，如青柿子一般……

啊！是海桑的花。我们为了拍一张完整的海桑花，不知浪费了多少胶卷。前几次，要么距离太远，要么风大枝摇，要么只见到花而见不到花底的幼果，谁知却在这里发现了。

然而，她没有按下快门，是角度不好。我请正在往外斛水的船长挪动船的位置，但不是有枝叶遮挡，就是光线不好，最后只好很勉强地拍了几张。

我们忙活完了，吴经理也直起了腰，擤完了鼻涕，又擦眼泪。

上到堤顶。

啊，真是柳暗花明！这片红树林由木榄、海莲、红榄李、海漆、玉蕊、海桑……组成，多是乔木。有的树冠阔大，有的树冠秀气，各种群落构成了不同的层次，比海边潮间带的红树林有了另一种风采。林中片片沼泽，水凼如明镜般闪着光亮，在绿茵茵的蜃气中，弥漫着绯红的霞雾，几只白鹭在其中轻盈地飞起落下。

在经历了惊心动魄的航行之后，这片红树林的世外桃源，焕发出无限的温馨，分外诱人……

李老师不断按动快门的响声，犹如小夜曲般跳动着欢乐。

"挑这条路，就是要让你们看这片景色！"

黑瘦子船长的声音，激起我心头轻轻一颤，努力去他脸膛寻找，可那儿黝黑黝黑，分明塑造着饱经风霜的坚毅；我只在他的眼角，发现了一些显得得意的线条。

"这是哪一片？我怎么没来过？"

已稍有恢复的吴经理，这时问起了船长。

"这边路难走，从你们旅游路线过来，还要翻几个水坝子。我看这两位先生能经得住风浪，真的爱红树林……"

听了他第一次说了这么多的话，在心里搅起了小小的波澜，充满了对他的感激。想必这里有难得一见的景象。

未走几步，吴经理一改刚才的萎靡，兴奋地指着左边的一棵树：

"快看，这上面结了果。是海柚，我已几年没见到这稀罕物了。"

树约有十来米高，树冠浓密，那厚厚的叶片也似柚子树一样。李老师第一个发现了海柚果——它藏在密叶中，个头不大，不像作为水果的柚子一只有四五斤，只如常见的橘子大小，那颜色也深沉得多。全树找来找去，也就那么七八只。

李老师却急急忙忙往坡下走去，差点滑了一跤，原来是地上落了一只海柚。她捡来后如宝贝般端详一番，才小心翼翼地收到了包里。真有她的，一面在密叶中寻找海柚果，一面还能发现掉在地上的。

这时，她又发现了稀罕，身旁有棵树，树干棕褐色，很高；但叶子稀稀拉拉，有的枝上只有一两片叶子。在这树冠浓密的林中，它确是怪怪的。难道是落叶树？我们还没听说红树林中有落叶乔木。

她正伸手去攀枝时——

"碰不得！"

吴经理大喝一声，吓得李老师连忙缩回了手。

我已跟跟跄跄地跑到了她的身边，但并未发现什么异常；又特别仔细搜索了那树枝，因为有些蛇和毒虫的保护色和树枝是相似的——竹叶青蛇若是在竹子上，你只要不留意，它就如一节竹枝——仍然什么也没发现。

"赶快离开那边！"

李老师迅速撤离。我也稍退后两步。

"你们对土漆有没有过敏反应？"

吴经理这样一问，我心里猛然一惊：他说的土漆，是生长在山野的漆树，产质量上乘的漆，在化学合成漆出现之前，油漆家具和用品，一直是使用它。汉墓出土文物中的用具，至今依然熠熠发光，靠的就是那层漆膜的保护。但别说是生漆了，即使是漆树，也散发出一种刺激人的皮肤、产生过敏反应的物质。

我曾亲自经历过这样的事——

那年我们在山野跋涉，路旁的几棵树上的红叶引起大家的兴趣；因为时值初秋，尚无霜染，它为何已红得如霞？小林还摘了两片叶子。

到了晚上，小林的身上突然起满了红斑与水泡，又疼又痒。房东一看，问我们今天碰过生漆没有？

大家面面相觑，摇头。

房东又问："你们碰过漆树没有？"

谁也不知道漆树长的什么样子。

我猛然省悟："是不是那几棵叶子已红的？"

房东说："这就对了。他生的是漆疮！你们叫什么过敏。"他又对小林说："不能抓，忍忍。抓烂了要化脓。"

小林说："谁想抓呢？痒得钻心。"

看着小林痛苦、烦躁不堪的样子，房东说："现在天黑了，明天一早就去挖些漆树根来，熬水洗疮，很快就好了。"

真是，解铃还须系铃人，解药就在漆树身上。

从此我知道了漆树的厉害。

"那么，这棵树是不是就叫海漆？"

"对极了！就叫这名，也是红树林家族的。"吴经理很高兴，"它的树汁有毒。你对土漆不过敏，可以剥开枝子上树皮看看。"

"你当心，别大意！"

我相信土漆对我莫奈何，因为我不仅多次从漆树下走过，甚至还用手试过生漆；即使如此，我还是掏出了小刀，慢慢剥开树皮。

枝上确实沁出了如乳汁一般的树液。闻了闻，似乎还有些香味，也未嗅出特殊的怪味……

"据说它还是一种香料。很难相信，它得病后，或是腐木，就自然散发出香味；但这种香味不能像沉香那样保持长久。"

后来，我在高黎贡山、怒江大峡谷考察时，有次，朋友请我享用一种傈僳族、普米族同胞喜爱的食物——夏拉。事前，问我和李老师对土漆有无过敏反应。我说没有，又问为什么？朋友说，夏拉是用漆子油煎鸡丁，直到将鸡丁煎焦，然后倒进苞谷酒煮……

不久，那盆美味端上来了。香味扑鼻，在座的两位傈僳族朋友直咂嘴，那位白族的朋友直吸溜着往下淌的口水。朋友给我盛了一碗，并进行指导：边喝，边吃鸡丁，千万别光顾着喝，或只顾着吃。

我试了试，一股浓烈的醇香直沁肺腑，在胸腔中燃起火热，比一般的酒，更具有穿透力。那鸡丁又酥又辛辣——怪味十足。当大家又吃又喝，扫荡了碗里的饮料、食物综合体之后，傈僳族的朋友唱起来了，有几位离席跳起了奔放的舞蹈，聚会渐渐到了忘我的境地……

朋友说，做夏拉少了漆树种子油可不行，漆油有种特殊的香啊！

夏拉不仅祛风除湿，更为奇特的，它还是兴奋剂。

傈僳族、普米族的同胞，对植物世界有着深刻的认识。

自然界就是这样千奇百怪，变化万千，才具有了无比的神奇。

┠ 两栖树木长板根

　　　　绿光中的一切都发生了变异、幻化，波浪如
一群怪兽在追逐，红树在跃动……

　　吴经理说："红树林中还有种树有剧毒，叫海檬果，等
一会儿指给你们看。在红树林，也要像在热带雨林中，不
要轻易去碰不认识的植物。"

　　由海漆、海桑、海桐、海莲……等名称，我想到第一
次去东寨港时，保护区的老张说过，红树林的树木，原生陆
地，是长期处于海边的生存环境，使它们逐渐向大海延伸，
逐渐适应了潮间带——潮涨潮落——成为"两栖"植物。

　　刚经过一片茂密的红榄林，眼前是一片池塘连着池塘，
有的池塘中还留有几棵红树。以此判断：这里原来也应是
红树林。

　　我问吴经理，他沉吟了一会儿才说：

　　"挖塘养鱼、养虾、养螃蟹……你看，梗边、池内家宝
树都留下了。家宝树不仅能制药，还有螃蟹特别爱吃它的
叶子……"

　　我问的当然不是这个意思，有关红树林内的高生物量
了解得并不少。我是问为什么在保护区内，竟然毁树造塘？

　　吴经理先说这可能是在保护区之外，后又说搞不清楚，

这要找到保护区的人才能明白。突然有个不愉快的感觉出现：原先说好来向导的，后来为什么又不来了呢？

在这方面，我们已有深刻的教训，以东寨港为例：它原有红树林 5.6 万亩，经历 1958 年、1975 年两次围海造田后，砍去了大面积的红树林，只剩下了 2.6 万亩。失去红树林的护卫之后，造起的田经不住海浪侵蚀，浮游生物大量减少，海产一蹶不振。直到建立了保护区之后，经过这么多年的努力，才恢复到近 4 万亩。

人啊！为什么要毁坏自己的家园呢？是愚蠢、还是……

突然脚下一滑，眼看着要跌入水塘时，我赶紧扭转身子。不知怎么一下，竟然滑溜溜地滚到外埂。幸好，跌得不重，只是滚了一身烂泥。

小张他们急急忙忙赶来。我说没事。见旁边有一水凼，就踏着稀泥去洗手。站起来时，正前方的一棵榄李引起了我的注意，严格地说，是它的根很奇特：

板状根——地面上，向外生长了四五块板状的根，最大的一块板状根，约有 1 米长，六七十厘米高。

这种板状根，和热带雨林的板状根几乎没有区别。板状根是高大树木的一种力学选择，由于自身的高大，需要有巨大的板状根来支撑。

可这是红树林中，这棵树也不过就十来米高……转而一想，它在潮间带生活，要抵御海浪的冲击，则必须有支撑系统。它和秋茄、海桐等的支柱根——群众称之为鸡笼罩的作用应是一样的，但我在广西、福建和广东的红树林中，都没有见到这种典型的板状根。这应算是这儿的红树林的一大特色。

它是否也像支柱根一样，具有呼吸和排除盐分的作用呢？秋茄的支柱根上就有很多的气孔，我曾在东寨港剥开它看过，那里如海绵一般，具有淡化海水和呼吸的功能。同行的老张说，这剥破的地方，几天内就会生出一个气根。支柱根也是气根。

我正准备脱鞋赤脚下去看看时，黑瘦子船长说："这里有沼泽坑，而且各种尖利的贝类的壳很多。看来你对这些红树根根有兴趣，我再开船带你去别处看看。兴许能看到更容易接近的。"

这当然是求之不得。吴经理站着未动，用海南方言问船长什么。船长也用方言回答。最后吴经理才犹犹豫豫地挪步跟着走。我估计他是想从陆路过去，而船长可能是说路远，或过不去。

一行人小心翼翼地下到船上。黑瘦子船长发动了机器，于是小船就像蛇一样，在红树林的绿色水湾中游动。

在一片水椰处，船速减了下来。我急忙拉住它的叶子，想找水椰果。水椰果是味良药，可治哮喘。据说，水椰果中无水，不像椰子那样储满了汁水。椰汁为人们提供了可口的饮料，但对椰树自身来讲，椰汁绝不是这样的功能，而是为了繁衍后代。1983年我在惠东地区考察时，主人曾介绍过引种椰树的经验：选种时，首先是抱起椰果摇，有水响的，才可作为种子；无水响的则弃之。

那么，水椰果无水，它靠什么来滋养胚芽、让它出生呢？

我问同行的人，谁也没有回答。

难道椰壳可以淡化海水？

红树林为了适应海水的生活环境，它们创造了绝妙的生存机制！

搜寻的结果令人失望，都没有找到水椰果。船长说，别着急，有时间，我总能够帮你们找到。

刚进入一片较高的海桑林，像是顷刻跌进了绿色的隧道，绿光中的一切都发生了变异、幻化，波浪如一群怪兽在追逐，红树在跃动……

"哗啦"一声水响，惊醒在绿色梦幻世界的徜徉。

一只漂亮的小鸟，用长嘴钳住一条小鱼，得意扬扬地掠起，扇动着翠蓝的翅膀；在空中稍作停留，然后一转身，极准确地从树隙中飞走。

——看清了，这是一只鱼狗。它能表演在空中停留的动作。捕鱼能手小翠鸟也有这样的本领，而且还可以在空中倒车，它们的羽毛虽然都以翠蓝和大红为主，但翠鸟的个体要小得多。

┤ 奇妙的指根

在陆地，我们常忽略了植物的呼吸，而在红

树林里，在陆地与大海的过渡地带，植物却是如此瞩目地显示着这一需求！

出了梦幻隧道，展现在面前的是林下的一片幼苗，密密麻麻地长在浅水区。

奇怪，这些幼苗是黑褐色的，没有一片绿叶，全都是光秃秃的；看似密密麻麻，又似有着一定的排列次序……

再看那林子，多在十多米高。从树的外形看，很似海桑，吴经理证实说，是海桑的一种。

我想：这难道是海桑的种子落下，自然出苗后，又被扼杀？曾听植物学家说过，红树林中有的树木，对在自己林下的种子发芽、成林，持拒绝的态度；因为幼林将直接影响母树的生长，所以释放出一种物质，使这些幼芽窒息。

我请船长靠近一些，想看个明白。船长说："这些水道都很窄，那边的水又很浅，你不就是要看那些根吗？"

"什么，什么，那些全是树根？"

"对呀！是冒出地面的根呀！它们都像计算好了，大潮时都没不了顶，根还戳在水面上。那年围海造田时，我们把这些根砍了，大树不久就死了。不是根，是什么呢？"

我猛然省悟：对呀，它们如手指，指问苍天！这是红树林特有的指状根，也称指根，是气根的一种。因为海边潮间带的滩涂，多是淤泥，透气性能差；某些红树，只好反其道而行之，将根向上长；拱出淤泥的封固，从空中呼吸新鲜的空气！

从海桑林下指根范围看，基本上与树冠相等，但为何如此稠密？毫无疑问，这是为了满足海桑呼吸和排除盐分的需要！

在陆地，我们常忽略了植物的呼吸，而在红树林里，在陆地与大海的过渡地带，植物却是如此瞩目地显示着这一需求！

船速很慢，我们像是在红树林中漫步，随着船长的引导，一幅幅生命形态的画卷，尽展眼前。

你看，同是支柱根，那形状和结构，也随着树种的不同，距离海水的远近而有所区别。

漂过几处水湾后，看到的这片指根，却异常粗壮，顶端也是圆的！

无论是支柱根、板根或指根，都是红树家族为扩大领土，从陆地走向海洋的一种选择。为了这种选择，为了适应潮涨潮落，为了适应含盐的海水，它们在生命的形态上作出了惊人的变化！这些变化产生了新的物种，展示出生命的顽强不屈，展示着生命的创造，展示出生命的伟大！

难怪植物学家们，正在努力探索红树林奇根世界的奥妙！

海边也是湿地。近年来，世界上的科学家们以巨大的热情关注着湿地，有人说，湿地是大地的肾，也有人说湿地是生物多样性的表现……且不管对湿地如何评价，但有一点是肯定的，人类必须保护湿地！

不知什么时候，船长关掉了发动机，拿起了篙竿，在一个稍大的水凼中慢慢地撑起。

小张眼尖，攀住了一根木桩，顺手从桩下拉起一根绳子。拽起绳索，一个尼龙线编就的、铝质圆环衬里的长圆形笼子渐渐出水了：

嗨！三四只大螃蟹正在其中哩！它们愤怒地吐着泡沫，高扬着蟹螯，骨碌着眼睛，找对手玩命！

这种笼子是海边渔民常用的一种渔具。进口小，螃蟹呀，虾呀进去觅食后，很难再出来。

小张等到我们看清了，才又将笼子放入水中。大约10多米距离，他又提上一个笼子，这只笼子只有一只横行将军，但有几只大虾。又提了两只笼，都有收获。

在这范围只有五六十平方米的水凼中，下了近10个笼，且笼笼都有收获，看来这里的水产是丰富的。

船长说："渔民都知道，红树林中的鱼虾多，近些年，大家也都很爱护。最怕的是养殖户，他们专挑红树林中挖塘，沾红树林的光，不顾子孙的饭食！"

他又说，在红树林中养牡蛎，可以不投放饵料！因为它喜爱吃的水虫子多。今天时间来不及了，明天将带我们去牡蛎养殖场看看。

发动机突然响起，闪开海湾中渔船，快速地行驶，海水时时倾进船舱；但已没有了大惊小怪，与其说是我们习惯了这种危险的航行，还不如说是船长已取得了大家的信任。

在危险和困难时刻，人们也最容易沟通，并得到相互的信任。

船长说，晚上的海湾，这里、那里都闪起了渔火。这几年发展了灯光诱捕。那才是一片繁忙的生产景象！

说着话儿，船已停靠到岸边。吴经理不明就里。船长说要让我们看稀罕。

清澜港的红树品种较多，原生的有 30 多种；而东寨港的只有 20 多种，但它从澳大利亚等地引进了 40 来种。对这点，我已有了深刻的印象，不知他还要给什么稀罕看？

上岸后，穿过一片红榄林，迎面的村寨旁，出现一片高大的树林。是海桑，翠绿的树叶，织成了浓密的树冠。

树高有 20 多米，胸径总在七八十厘米，浅褐色的树干油光闪亮，表明了它的青春活力。

我仔细寻找，没有发现指根。

水边的海桑有指根，而陆地的却没有，这是否证明了生命形态的选择是由于生存的需要？

啊！这是树王！是红树林中的树王！

红树林中不仅有乔木，而且和一切的树种一样，有树王！

树王是一部鲜活的历史，它忠实地记录着这片土地的气候、天文、各种的变迁！

是我无意中的一句话——在第一次经历风险后登岸时，看那些乔木红树时，随口问道最大的红树有多高多粗——引起了这趟观瞻树王之行的！

我问起记忆中的木榄群落，1983 年来时，它们高大挺拔的身影，一直深深地印在脑海中，也是引发我再探清澜港的原因。船长说，明天我领你们去，在海湾的那边。

感谢你，黑瘦子船长，你带领我们今天的红树林之行！感谢你的情意，感谢你对我们的理解！

临分手时，船长小声地对我说：今晚你俩还到这河湾找我，我驾船领你去看红树林中的渔火海市，去捕鱼捞虾……

太妙了！我庄重地点头。

红树林院士

　　红树林是生长在热带、亚热带海岸潮间区的森林，又被称为海底森林。它是一个特殊的森林系统，在我心间也就有了特殊的牵念。20 年来，只要有机会，我总是要去探访，因为那里的谜太多，奥妙无穷。

　　人与自然的和谐相处，共存共荣，是永恒的主题。

　　生物多样性，是生物世界繁荣的标志。

　　3 年前的 4 月，我和李老师去福建考察。先在武夷山探索了生物多样性之谜，继之到龙栖山、梅花山国家级自然保护区，寻找华南虎的踪迹。我国虽有虎数种，但只有华南虎是特有种，是真正的中国虎。根据动物学家对化石的研究，华南虎与原始虎最为接近。

　　但华南虎已销声匿迹很有些年头了，直到近年才又不断有虎踪的报导。这是保护自然的成效。

　　5 月初，离开梅花山自然保护区。在参观了永定、南靖的土楼之后，我们直奔漳州与厦门，探访我国的红树林自然分区的最北线。

　　由每天跋涉在崇山峻岭中，突然来到了海边，心情和景色都有了变化。

├─ 阿嫂挖土笋

"怎么，你以为是竹笋？"

我不知该怎么回答。

这正是荔枝花信勃发的时节，花穗挺出，黄色的花朵稠密。漳州是荔枝之乡，登高可见壮丽的碧海黄花！

水仙更是举世闻名。我们经过圆山时，主人说，只有圆山的东侧所产水仙为正宗，西侧的就要逊色。

前两天下了一场雨，我们出了龙海浮宫镇，就见九龙江大堤后面，浓密的红树林如绿色的长城，蜿蜒起伏！那就是龙海红树林自然保护区。

此处是九龙江的出海口，冲积平原。我们在圩间泥泞的小路上行走，又陷又滑，比攀山越岭多了另一份乐趣。你要防止滑跌，就得不断调整姿态，转体或弯腰曲背，大家戏称"扭秧歌"。没走多远，已大汗淋漓。上堤的一段路只不过 20 来米，大家只好手牵手，保护区的小林像一台拖拉机，努力将我和李老师拉了上去。

到达堤上，红树林织成的屏障，却将大江掩去，平添了神秘。红树林沿着堤外的坡度，一直向江边延伸，只能在枝叶的缝隙中，看到九龙江的波光。

这片红树林，主要由秋茄、桐花木、木榄、白骨壤组成群落。我们眼前的这片林子，主要是木榄。木榄属红树种，树高多在六七米，对生的椭圆状叶为革质，碧绿油亮，长势良好，枝头挂着青色的果实。果实很长，有十一二厘米，我们剥开果实蒂处，见已有小小的嫩芽冒出。这就明确地宣称：它是典型的"胎生"。当那嫩芽已能独立生存时，它就要脱离母体，通过自由落体的方式插进滩涂……

神奇的"胎生"植物，引起了科学家探索生命的奥秘。

据资料载明，九龙江口的红树林品种较少，只有数种，并没有木榄的自然分布，心里很奇怪。

保护区的小林，将我们领到一河湾处，其实这是一小河汇入九龙江的出口，眼前顿然开朗，宽阔的九龙江波涛滚滚，对岸的景物朦胧。

堤下的滩涂上，长满了幼树，其中有海莲和木榄。

小林说："厦门大学林鹏教授多年来一直从事红树林的研究，是这方面的首席科学家。将海南的某些红树林树种引种到福建，以丰富红树林的品种，是研究课题之一。福建的原生品种都具有抗寒性能，要喜爱高温的红树适应低温，难度不小。他的试验基地就建在这里。木榄和海莲都是从海南东寨港红树林保护区引来的。你们已看到了，引种是成功的。那些较高的树是第一代，它们的种子已繁育出了第二代。"

我想起在一份资料上看到，由于红树林的特殊价值，浙江的温州、乐清也已引种了秋茄。

小林说，林教授通过对红树林的生理生态研究，已总结出了整套的北移引种经验。温州引种成功，就是得益于这项科研成果。林教授在这里还进行了一系列的研究和试验，譬如红树林的能流、物流、生理生态学、污染生态学……

我在海南红树林保护区，主人曾介绍过，每一万平方米红树林的枝叶生物量都会达到惊人的数字。他引用的数据，就是林教授的发现。红树林对镉、汞等重金属和泄漏的柴油有较强的吸附力，因而在消除污染方面有着重要的作用。这种研究工作，有些项目是同时在海南、广西、广东、福建等地进行的。

红树林中传来了笑声。不久，见到了三四位妇女的身影。

她们头上扎着帕子，右手提着铲子，左手提着小桶，裤角卷得很高，满腿烂泥。

小林说："挖土笋的。"

红树林中有笋子？我自信已走过中国绝大部分的红树林自然保护区了，还从来没在红树林中看到过竹子，难道竹子也从陆地向海洋进军？

等到她们上到了堤上，我紧走几步撵上，急忙去看小桶。哪里是什么笋子，全是黑不溜秋的、如土蚕一样的小虫，在里面蠕动，最大的也不过 2 厘米多长……

"这就是土笋？"我问。

那位大嫂只是微笑着。

小林说："是呀！它的营养价值高着哩！几十元一斤。

怎么，你以为是竹笋?"

我不知该怎么回答。

小林宽厚地笑了笑:"北方来的朋友都有这样的想法。红树林中的土笋最多、最肥。阿嫂，你们今天收获不少啊!"

那阿嫂赶快声明:"我们都是按照要求，没挖树根下的，一棵树也没伤。"

真的，每人都挖了小半桶。

├ 泥沼危险

> 我的脚下空虚，心知不妙，连忙收腿……哪里还能收得回来?扑通一声，跌进了烂泥，身子直往下沉。

我问怎么不挖了?

她抬头看看已近中天的太阳，说还要去赶市哩!

这片红树林是在九龙江的堤外。刚才，我就想进入红树林，看看这里林子的特点，现在又有了这样的好机会，还能放过?但总也不好意思请哪位留下，带领我去挖土笋。

经过一番周折后，小林从一位熟悉的阿嫂手中借来了铲子。李老师也要脱鞋，我说你还有摄影器材哩，我们陷到烂泥坑里，最多是滚出个泥人，照相机可不行。好说歹说，她才同意在岸上同行。

我脱好鞋，做好准备。

待李老师走开后，小林才说："这里有海潮，原来又还有很多的小河汊，红树林起来后，淤泥造了新地，将很多小河汊掩盖起来了。要是掉进那里，也和掉进沼泽地的泥坑差不多。进入林子后，你得听我的，要不，现在就穿上鞋子……"

这家伙，居然下扣子了。在野外探险时，碰到这种情况，我总是非常真诚地点头，满口答应，因为我也不愿意发生性命攸关的危险。同时我还很感谢他没当着李老师的面说，免去了她的担心。

刚进入林子，那景象和巢湖边的柳林区别不大，各种昆虫往脸上扑，往衣裤上爬，一股绿色的清香使人心旷神怡。我是在巢湖边长大的。

土笋生活在滩涂中。再往下走，那就不一样了，烂泥很深，堤上的木榄、秋茄的支柱根不太发育，但在潮间带，它们有了支柱根，虽然这些支柱根没有在海南看到的奇特。

临水的一片秋茄林，多有一米高，没有支柱根，但根部粗壮，主干却比它要细得多。我近前去仔细查看，发现那粗根上有很多的气孔，难道在九龙江口，它的支柱根却变成了像棒槌一样的板根？

"蟹，青蟹！"小林急呼。

看到了，就在我的左侧，连忙伸手去抓。一只青色的大蟹，圆眼骨碌着，举起大螯对着我的手。正当手在躲闪时，它横着身子，发动了四对爪子，如蜘蛛在丝上滑行一般向水边逃跑。我紧撵几步，眼看就要抓到；可它不是张钳，就是舞爪，总是在一瞬间差之毫厘。

渔猎是人类的本性，这种基因无法磨灭。小林也加入了围捕。

看到它总是向水面逃——它到了江里，也就到了最安全的地带——我钦佩它横行时识别方向的本领。对策当然是要到它前面兜头拦住。突然，我的脚下空虚，心知不妙，连忙收腿……哪里还能收得回来？扑通一声，跌进了烂泥，身子直往下沉。眼见旁边有棵小秋茄，我赶紧抓住。

小林也眼疾手快，跑过来将铲子往地下一插，一手抓住铲柄，一手拉住了我。这时，我感到脚已落在稍硬的土上……

"怎么啦？"

传来了李老师在堤上的呼叫，肯定是听到了跌进泥沼声，但又看不清林子里的我们。

"没事！"我赶紧答了一声。

费了很大的劲，在小林和那棵秋茄的帮助下，我才爬了上来。

好家伙，这泥沼真深，淹到了我的肚脐上，简直成了泥人。再看小林，也是满身烂泥，连脸面也成了花的。

两人相视大笑。

小林说："都怪我，要你警惕泥沼地，我却忘了。"

我说："怪那只青蟹，是它的引诱。"

小林说："回吧，都这副模样了。这身烂泥可不舒服，生了病就……"

"哪能呢？现在回去，不是冤吗？大难不死，必有后福。肯定有好事等着我们。"

说实话，满身的烂泥，又腥又臭，裹在身上很不舒服。

小林说："靠着树根走。"

我还敢大意？到了江边，看江水流得并不很急，但也只敢在浅水处涮洗。

我还是往刚才陷进的泥沼那边走去。小林说："你还想再玩一次心跳？"我只笑了笑，因为在陷进泥沼时，看到了稀奇。

不错，它还在那里。这是一只正向青蛙成长的蝌蚪样的动物，但比蝌蚪大，前面长了两只腿，后面拖了根长尾巴。它趴在秋茄的树干上。我曾在哪里见过。

小林一定是看到我那聚精会神的样子，说："还不快抓住？跳跳鱼也是几十元一斤！"

它就是跳跳鱼？难怪有似曾相识的感觉哩！它的学名叫弹涂鱼，因为它可以像青蛙一样蹦跳，当地的老百姓叫它跳跳鱼。我在海南红树林见过。

"它会上树？"

"长两条腿干什么？长了就得派用场呀！这是红树林里的特产！"

面对万千的生命形态，智慧大门常能豁然开朗！

我拍着巴掌赶它下来，可它麻木不仁；只好用手去赶，它才急匆匆地往下一跳，落到泥沼上，又噌噌地跳了几下，才在一小水凼里停住。

水凼中的招潮蟹，立即往洞里一缩，收起螯钳，只是瞪着眼睛。招潮蟹橘红色的背壳鲜艳，一个螯大，一个螯很小，大约是不对称美的祖先。

小林不同意再冒险了，说有一处滩涂土笋多。我们就向他说的地方走去。

在林中行走，我逐渐看出了一些特点：靠江边的地段，大多是幼树。幼树带之后，是成林。再后，又是幼树。靠近堤上的又是成林。这是人工营造或是自然形成的？有一点是明显的：因为红树林有造地作用，江边的是自然新生的幼苗；若是营造，则是为了护卫大堤。

桐花树是灌木，叶子肥绿，正开放着小而密的白花。

怎么没有看到老鼠簕？小林说，都快给挖完了，传说它可以治不育症、壮阳；都来挖，看也看不住。

来到一片滩涂处，小林挖了几处，一个土笋也不见。在我一再诘问之下，他才承认不是本地人，从来未挖过土笋；只听说过土笋住在泥中，地上有洞；至于是什么形状的洞？洞外有无像沙蟹推出的土？洞有多深……却一概不知。

只有靠碰运气了。我想还是用笨办法吧，他挖出一大块泥土后，我将土掰开，又捏又摸，终于摸到一个软软的、直蠕动的小东西。取出一看：哈哈，真是土笋哩！

我说："这土笋不就是海南说的沙虫吗？"

小林说："也对也不对。听说它们都属栖息在滩涂中的星虫类。沙虫主要是生活在沙质的海滩。"

"为什么叫土笋呢？"

"你看它像不像笋子？冬笋也得在土里挖。其实我也不知道，只是毛估带猜的。"

挖到的土笋不算多，可我们捉到了几条小鱼，捡了几个小螺。

李老师很烦躁。

我对这片红树林已有了印象，在将捕来的土笋、小螺、小鱼都放回生它养它的地方之后，也就往海堤上走了。

李老师一见我俩的模样，就吃惊地问。小林说了个大概。

这边景象变了，红树林后，全都是海产养殖的池塘。塘边建有一座座小棚。成群的白鹭，在养殖区的上空飞起落下。高空有猛禽在滑行。

红树林营造了繁荣。

├─ "二百两" 的故事

在自然保护方面，有人曾深有感触地说："过去有人说，难在教育群众，现在是难在教育领导！"

小林说："我讲段故事作为补偿吧！当然，今天晚上还要请你们吃跳跳鱼、土笋冻。土笋是烧后连汤汁一起冻住，半透明的，可切成一片片糕样，味道鲜美极了！"

龙海种植红树林的历史，起于 20 世纪初期。有位姓郭的华侨，目睹了台风、海潮对海岸的侵蚀，尤其是海堤崩溃后的灾难，就从侨居地印尼引来了红树苗，栽种在海堤外的滩涂上。红树林有效地防止了海浪的侵蚀，使得红树林的面积不断扩大。这些树后来都长到了 10 米高。

还有个"二百两"的小故事。在草埔头那边，也是因为海风造成连年决堤。同乡华侨募捐，花了 200 两黄金，买了条旧军船沉没在堤外挡风浪，可谓是钢铁堤防了。然而没过几年，军舰一头下沉，一头被海浪冲歪，还是镇挡不住，照样遭灾。1958 年开始大量种植红树林后，堤岸才固若金汤。从这个意义上说，红树林比黄金价值更高。

1959 年 8 月 23 日，这一带遭受了 12 级特大台风的袭击，大多数堤岸被冲垮；但凡有红树林护卫的堤岸，都安然无恙。

1958 年到 1964 年间，龙海又组织四次规模较大的营造红树林活动。群众看到了红树林明显的生态效应。仅是修堤——过去海堤每年都要修——一年就要省下几十万元。这几年富了，也多亏了红树林护卫了养殖场。

但是红树林也不断遭到破坏，前两年这里发生了一起保护红树林的事件。起因是有一商人，投资一个项目。一切准备就绪，立即要动工时，传出一个消息：这个项目要毁掉几百亩红树林。这下可炸了锅，遭到了龙海百姓的强烈反对。

但这个项目很有来头，又是上面压下来的。于是双方展开了激烈的斗争。有些重要的媒体介入后，在大量的事实面前，这个项目终于被取消了。林鹏教授始终站在我们这边，他的影响很重要。

几百亩的红树林终于被保护住了！

这个故事，我也曾听说过，但不如小林说得有声有色。

我还想起浮宫镇老洪说的："有个纸厂，废水污染，使我们养的牡蛎全死了，造成的损失，仅海产养殖每年就高达 3000 多万元；可那个纸厂一年的利税才 1000 万元。有的人，连这样简单的账都不会算，纸厂到现在还没有关闭！"

什么时候才能让这些领导们认识到保护红树林的意义呢？在自然保护方面，有人曾深有感触地说："过去有人说，难在教育群众，现在是难在教育领导！"

回程时，小林说不去扭秧歌了，干脆插到公路上吧。

太阳已近树梢，晚霞外有一圈乌云。我很担心天气要变。

文昌鱼的奥秘

文昌鱼是最早的脊索动物，正是由于脊索动

物的进化、发展才出现了人类；但时至今日，文昌鱼几乎没有任何的进化，仍保持了 5.3 亿年前的形态。

风将路旁荔枝、龙眼的花香不断送来。几只绿色的小鸟，匆匆地在林子里飞起、落下。不多远，林相变了，树冠与荔枝的不一样。小林说是杨梅林，这里出产的杨梅名气很大，酸甜适度，是鲜食或制成果脯的上乘之品。女同胞最爱吃的八珍梅就是它制作的。

一说杨梅，我满嘴都是酸水。那是刚到杭州读大学时，第一次见到红艳的杨梅，嘴馋，买了一斤，坐在西湖边上一边看风景一边吃。吃时发觉很甜、微酸。可第二天吃早饭时，却上牙不能碰到下牙，牙根都酸。从此对它望而生畏。

说着话儿，已走进了杨梅林。青梅在挂果时，枝头常有红的嫩叶。杨梅叶片深绿，枝上缀满了正在变色的梅果，个头如巨峰葡萄，比浙江产的如杏般的杨梅要小。忽见有棵树上的杨梅已红，有几颗还红得发紫。我想这才 5 月初哩！小林说，现在都赶市场，这是早熟品种；随手摘了几只递给我们。

见我直摆手，小林说："龙海产的杨梅有特殊的治病、防病的功能。这些年来，糖尿病患者越来越多，可这地方的人，却没有得糖尿病的。据说这是多吃杨梅的功劳。"

尽管他如此热情，我也只是礼貌性地咬了一口。李老师却吃得有滋有味。

天气真的变了，阴沉沉的，但我们仍然决定从角尾乘船去厦门，因为很想就便看一看这一带的海域。我和古生物学家陈均远教授有过一段友谊，曾专程到云南澄江去访他。澄江寒武纪生物化石群的发现和研究，证明了在 5.3 亿年前，生物发生了大爆发。这一结果，向达尔文的进化论提出了有力的挑战。陈均远就是这一研究领域中的首席科学家。他在谈到生物进化的奥妙时，说了一个例子：文昌鱼是最早的脊索动物，正是由于脊索动物的进化、发展才出现了人类；但时至今日，文昌鱼几乎没有任何的进化，仍保持了 5.3 亿年前的形态。

文昌鱼就生长在厦门的刘五店一带海域。文昌鱼很小，只有几厘米长，细细的，栖息在海底的沙层中。其味鲜美，营养价值高。它是在 19 世纪末被发现的。那时它的产量每年有七八十吨。但后来，由于生存环境遭到破坏、污染，产量大减。现在已成立了文昌鱼保护区。

渡船起航时，雨已下大了，对面的厦门岛在一片迷蒙中。大海也被云遮雾罩，更显出海的壮阔与神秘。到了海峡中流，风浪骤起，船在浪峰波谷中颠簸。

我问刘五店所处的方向，有几位乘客摇头，只有一位用手指了指两点钟的方向。极目望去，雨丝如帘，天海蒙蒙……只有待天晴后，再乘船去探寻文昌鱼的神秘了。

我们每到一个红树林自然保护区，总是能听到主人介绍林鹏教授的业绩。秋茄的能流、物流的研究是在这里的，红海榄群落的研究是他主持的，他与红树林已经成为一体。在谈红树林时，已无法不提到他。正是他在研究红树林领域的卓著成果，使得厦门大学成了我国研究红树林的中心。

厦门大学坐落在海边。蔚蓝的大海，五彩缤纷的花朵，亚热带的碧绿林木，将学校装点成花园。

红树林院士

其实，他的最大功绩，是用红树林的非凡价值，唤醒人们，尤其是东南沿海的人们认识红树林，保护红树林——人类的财富和家园！

在朋友的带领下，我们来到了林鹏教授的家中。

他身材魁梧、儒雅、睿智，眼神中常有精光闪现；一丝一毫也看不出他曾经历过一场车祸，死里逃生。

我听朋友介绍过，1987 年他在野外考察时，车遭横祸，司机当场死去。林教授身负重伤，昏迷 2 个多小时，双腿和右臂粉碎性骨折。医生慎重、负责，为了查明伤情，作了剖腹探查。他前后共做了 5 次大的手术，身上开了 7 个切口，住院 493 天。说是死里逃生，一点也不过分。10 多年之后他能有现在的状态，是生命的奇迹。

当然，更是品格的崇高。他的骨子里的坚强中，充满了韧性。

话题当然是红树林。

多年来，一直萦绕我心头的，是红树"胎生"的神秘。

我知道林教授在这方面的研究有独到之处，他说了很多红树林学科的生态学、生理学方面的问题，这些问题当然无法一一记录，只能是根据我的理解了：

红树植物是由陆地向海洋发展的，首先它要经受海水中盐分和潮起潮落的考验，也即是说它在适应海水中盐分时，自身需要调整。支柱根、气生根、板根、呼吸根等，就是为了适应生存环境的结果。种子呢？它能适应海水的侵蚀？于是红树在种子构造方面作了选择：种子留在母树上发芽——实际上是在母体中锻炼抗盐和在潮起潮落中立足的本领。一旦它具备了这些本领之后，母体就将它分娩出去，让它用自身的重量，以自由落体的方式，插入滩涂。

其实还有种"隐胎生"的，树芽没有冲出果皮、仍在果皮里；一旦到达海水中，树芽立即冲出，和"胎生"的适应是同样的。但"隐胎生"不属红树科。如白骨壤为马鞭草科，桐花树为紫金牛科。

据说，长白山天池水边，也有一种"胎生"的草。

关于"胎生"植物的诸多神秘，正激起科学家们的研究热情，相信会有更多的发现。

我们谈得很相投，有时欢笑，有时默默沉思，时间在不知不觉中流逝。

离开林教授的寓所，沐浴着海风的吹拂，呼吸着花朵散发的馨香，我在梳理纷繁的思绪……

　　林鹏的家乡在龙岩那边。幼时家境贫寒，当过学徒。新中国成立初期，他还在挑着小担运送红糖和盐。正是在一次挑运途中小憩时，看到了厦门大学的招生广告。这份广告激活了他心底深处的求知欲。于是，他跑到龙岩，参加了补招的考试，1955 年大学毕业后，留校工作。从此他和植物学结下了不解之缘。

　　他在一本有关红树林著作的序言中写道："编者的导师何景教授非常重视红树林工作，早在 50 年代初期就领导我们从事此项工作，此项工作实际上是他教诲的成果。"尊师是中国知识分子的美德。

　　他专攻红树林，起因于一本外国学者著的《湿地海岸生态系统》。这本书中竟将中国列为红树林空白区。这种无知，不仅使林鹏吃惊，同时令他的民族自尊心受到了伤害。

　　中国不仅有漫长的海岸线，而且有着繁茂的红树林！

　　科学是用事实说话的。从此，他在红树林学科中孜孜不倦地探求。

　　这一段心理历程，和他同时代的大多数科学家相似。我和他们中的几位有着深厚的友谊，非常理解流淌在他们血液中可贵的民族精神。这种精神，是民族前进的号角、火炬！

　　学校给予了全力的支持，林鹏教授组织了科研班子，制定了规划，走遍了有红树林生长的每一处海岸。

　　1985 年国际红树林学术会议上，中国代表林鹏关于红树林研究的报告，引来了雷鸣般的掌声。他用无可争辩的事实，纠正了偏见和无知！

正是这些令人瞩目的创造性的成果，使他当选为首届国际红树林生态学系统学会理事，也是唯一的一位中国理事。继之，参加了国际上《红树林宪章》的制定……他将中国的红树林以及对红树林的研究，带到了世界！

我想，他的功绩，首先是完成了对中国红树林的种类、区系分布、生理生态等基础学科方面的研究；再是对红树林的价值的探讨。他的研究证明：红树林在生物多样性、维护整个海岸生态环境方面，有着无可替代的作用。作为红树林自身，有着高生产力、高归还率、高分解率的效益。红树林的特殊属性，具有极大的生物开发、利用的潜力。

其实，他的最大功绩，是用红树林的非凡价值，唤醒人们；尤其是东南沿海人们认识红树林，保护红树林——人类的财富和家园！

我说到龙海百姓保护红树林的故事。他说："那次的压力可大了，在这种强大的压力下，有些人退缩了。对方声言，要组织几十人到我家门口静坐，要我改变态度。可林业厅支持我——不是支持我，是支持我们提出的保护红树林的观点。一切的有识之士的奋起，才保住了那片红树林。"

还有两点引起我很大的兴趣。

他说全世界都在关注从海洋生物中寻找新的药物，红树林是由陆地向海洋发展的，它在这方面应该有很大的潜力，已知的就有好几种对疑难杂症有疗效；但还是以不声张为好，免得给红树林带来破坏。

全球温室效应的加强、气候变暖，对森林生态系统的影响已引起人们高度的关注。红树林生活在陆地和海洋交界处，因而温室效应的结果之一——海平面的升高，将对它产生重要的影响。科学家估计，到2030年，全球海平面将平均上升8～29厘米，那么，红树林中的有些品种还能生存吗？全球红树林的面积巨大，约有60个乔木和灌木种组成，这将对全球的环境产生什么影响？尤其是我国应采取什么样的对策？

我知道，他正在进行这方面的研究……

今年，朋友传来消息，林鹏教授当选为院士！

祝贺您，红树林院士！

夜探红树林

红树林的风韵洋溢在蔚蓝的大海和绿叶的交相辉映中。

2月份，我从红树林带回几颗种子——

种子是在海南东寨港红树林自然保护区拾得的。站长送给我时，特别指着顶端的两片嫩叶说：

"你看，种子还未成熟就开始萌出新叶；一旦成熟，种子脱离母体掉下，又尖又长的尾部就插入了滩涂，几小时后生根。若是被海潮卷走，它就过着漂泊的生活，一旦碰到滩涂，它就扎根——多神奇！种子一落地，就已完成了一般植物扎根、发芽的过程。任凭潮涨、潮落，它已牢牢地立足发展了。"

种子为长纺锤形。上端平头，长出两片绿叶，尾部又长又尖，中间是纺锤形的圆肚子；最粗处直径有1厘米多，总长约有10多厘米。这就是大名鼎鼎的、神奇的、被科学家们称为"胎生"植物的秋茄的种子！

与其说它是颗种子，不如说它已是一棵秋茄树。种子为肉质，通体绿色泛红，有叶。生命的形态、生命的繁衍，多么奇妙，多么丰富多彩！为了适应严酷的环境，生命的本能作出了令人感叹的巨大的坚韧不拔的努力！最伟大的思想家在它们面前也得俯首沉思！

我将秋茄的种子插在盆中，每天都要看它们几眼。1个月过去了，它们还是那样翠绿，新叶依然两片。2个月过去了，仍然未见动静。春天就这样在等待中远去了。

六月的合肥已是盛夏。中旬，我从北京回来。进了家门，眼前一亮：秋茄长高了，顶端又绿了两片树叶。才四五天的工夫，几棵秋茄在水石清盆中已俨然成了生机勃勃的红树林。这大约是一盆难得的盆景了，朋友们争相参观。

我猛然醒悟：它们是热带海岸水中林木，当温度达不到它们的要求时，它们是在耐心等待，在等待中积累力量。一旦大自然发出了号召，它们立即踊跃呼应。我怎么没有想到这样简单的道理？生命的底蕴、内涵，太奇妙！太神秘了！

海上森林

海上的满目的树干和浮在海上的树冠参差相映，排列成无数奇形怪状的画面。大海是如此奇妙地生出了森林！

探寻"胎生"植物的神秘世界是 20 多年前的事。

目标是海南红树林。凭着想象，我不知道被人们称为"海上森林""海底森林"的红树林是怎样一种景象。但无论是"海上森林""海底森林"抑或"红树林",已具有强大的诱惑力。你想,有片森林如火焰般燃烧在蔚蓝的大海上,那该是多么艳丽、壮美的景象!

那时,我从海口乘公共汽车经过琼山五公祠之后进入一片红土荒原。

车停一小镇带客,我偶然抬头,见站牌上写"美男镇",心头一颤,立即注意观察行人,并没有见到多少可称为"美男"的,心里有些失望。但小镇能勇敢地伸张男人们的阳刚之气,确也令人感动。车又前进,我问邻座的海南人镇名的由来。

他说:"西边还有个'美女镇'。那里出美女,歌舞团常去那里挑选演员。"

"歌舞团也来美男镇选演员吗?"

"没听说。"他停顿了一会儿,又说,"你不能用北方人的模子挑。男人有本领就美!"

这一说引得我哈哈大笑!他对美的理解实在不一般。

说笑中,车翻过小丘,进入密密的树林中。微风中飘来一阵菠萝蜜的浓香。正在寻找菠萝蜜时,一片椰林已展现在面前。椰树高大,风姿绰约,树端是累累的椰果。透过椰林的树干的间隙,看到的大海是无数块明镜。

啊!海边是密密的树林,一直向大海伸展。蓝色的海水中浮动着墨绿的树冠,袅袅的蜃气从绿树中缭绕而出。蓝色的水道将森林串联成大块翡翠。几只白鹭在上空翱翔。

车在海边停下。

到达保护区，我问："红树林离这里还有多远？"

老林指着眼前像是浮在海水中的树林说："这就是呀！"

我愕然了。这就是我刚在车上看到的树林，只是到近处才发现它们有的挺立在海水中，有的树干已被海水淹没，只有树冠浮在海上。它们很像我的故乡巢湖边上的柳树，当夏季湖水上涨时就成了水上树林。

"红树林，应该是……"我嗫嚅着。

老林宽厚地笑了："这些生长在海边潮区的树多属红树植物。我常碰到人问红树林怎么不是红色的，这就像叫银杏树的并不是说它是银色的。当然，既叫红树林，也是有原因的。这科的树，多含丹宁树皮，材质大多是红褐色。红树有十几科，几百种，是个丰富多彩的大家庭。它奇妙的生长环境，神秘的生命史，特殊的功能，引起了世界上各国科学家的高度重视……"

我恍然有所悟，内心嘲笑自己的望文生义，但也有一丝失落。然而，老林的话已引起我另一面更大的兴趣，足以补偿无知所引起的失落。

"是现在就去？还是等晚上落潮之后？"老林问。

"现在就去。晚上也去。"我有些迫不及待。

登上小木船，柴油机就轰轰地响起了。那声音震耳欲聋，和蓝晶晶的水道、绿绿的森林太不协调了。木船犁起海浪，扑打着红树林，红树林就摇晃起来，犹如披在大海上的绿巾被风拂动，飘扬起伏。

船拐向小河道，速度突然慢了下来。正是平潮时刻，两边的树林拥着小船，肥厚的绿叶将阳光折射，神奇的光彩效应使红树林成了无数的彩色光斑的组合……

我们一会儿觉得像是在充满色彩的世界中浮游，失去了重力，忘却所在……色彩是芬芳的，带有绿的清香，花的沁人……一会儿又觉得像是在清晨林间的小道上漫步，浮动的地气在腿边身旁绕来绕去……

扑哧！

一声鱼跳将我们从色彩的世界唤回。海上的满目的树干和浮在海上的树冠参差相映，排列成无数奇形怪状的画面。大海是如此奇妙地生出了森林！任你有着怎样丰富的想象力，也难以勾画出海上森林的多彩多姿的形象。

真是令人头晕目眩的万千气象！

眼前一亮……

"红树！"

我拉住了树枝，船也停机。这是一棵红榄李，鲜艳的绛红色的叶柄如红珊瑚生出一片绿叶……

老林说："红海榄的叶柄、细枝也红，它们是红树林群落中的矮子——灌木。你看，那边的角果木、桐花、白骨壤、老鼠簕、小老鼠簕、瓶花木……也都是灌木。尤其是秋茄，长得最泼皮，哪里都有它。有人将它称为红树林的先锋树，生命力特强。它是'胎生'，植物种子在母树上就发芽了，特殊的构造使它落下就不怕海潮的摧残、浪的扑打。它常常是第一个来到荒凉的海边，在蓝色的海水中扎根，繁衍绿的生命，撑起一片世界，迎接其他红树的到来……"

树名古怪，"老鼠簕""白骨壤"。

几朵美丽的花在召唤，我们绕了几条小水道才将船行到它们的身旁。红树林不像陆地上的树林，可以在林间任意穿行。它的郁闭度高，船是无法进入密密匝匝的树林中的。

这是一棵高大的海桑，树头缀满了花朵。绿色的花片拥着银色的花蕊，端庄、高雅，异常漂亮！

说到海桑，就在不远处还有一种海桑；因为它特殊，是海南土生土长的品种，学名也就定为"海南海桑"了。海桑单独成为一科。

显然，海桑高大的身影已说明它属乔木。在东寨港红树林保护区内，乔木树种繁多。看到高大的树木，你就可以去观察，哪是海莲，哪是海漆，哪是木榄，哪是果实有毒的海檬。我走遍了东寨港，印象是在海水中的红树林灌木生长得特别繁茂，而高大的乔木多在岸边。后来又去清澜港红树林保护区，证实了这种印象。那里岸边村寨旁有一片木榄，粗壮、高大，形成了独特的群落。

银叶的果子非常惹眼，形状如腰果，有红的、绿的两种。红的像个小元宝，绿的如连心锁。若是用根丝线串起，那一定是赠给婴儿的最好礼品。

├─ 蟒蛇林

> 树林中突然出现了无数的大蟒，它们或昂
> 首，或低伏，或扭曲游动，由地上向森林上空蹿
> 去。见不到头，看不到尾，错综复杂。

从迂回曲折的水道中转出，船向大海开去。我在船头突然发现，这里并没有河流入海，怎么形成了深水构成的水道呢？

老林说："别急，看看你的运气如何。有缘今天你能看到水底世界，这个谜也就解开了。"

快入大海了，船头却一拐，停到岸边。

老林说："这里不可不看。"

这里没有特殊的景象，只是再往前就没有红树林了。再仔细观察，原来是段海岸，它一伸手臂就将大海圈成了一个海湾。红树林就像是这只巨大手臂挽起的花束，献给大海，也献给陆地。

海岸上没有村寨，只有密密的树林。进入树林不远，一棵巨大的陆菀立在面前。陆菀巨大的根像是树干般支撑起它茂密的身形，叶成剑形，很硬，和剑兰的叶子相似。我在海边见过不少陆菀，然而这棵被大自然塑造得活似一位披头散发的神怪，它竟然轻轻地拨动了我的心弦。难道

它预示着什么？

是的，前面的世界惊奇得使我透不过气来：树林中突然出现了无数的大蟒，它们或昂首，或低伏，或扭曲游动，由地上向森林上空蹿去。见不到头，看不到尾，错综复杂。这些大蟒在树中织就了一片奇异的景象、怪异的氛围。

不，不是蟒。我在热带森林中见过蟒，还在万山群岛的一个叫蚰蛇（俗称蟒蛇）岭逗留过。是蟒就该行动，有着三四个人浓重的气息，它们早就该行动了。可是没有，看似在游动，其实那只是它们的扭曲的线条给人的感觉。

是树木？不像。我走过很多的森林，自以为对我国的热带森林也不陌生，但从没见过也未听说有这样的树种。

是藤科植物？它们有碗口粗，带有热带雨林中树皮特有的灰白颜色。有的扭来扭去，幅度较大；有的在地上匍匐很长一段路才又斜向上升，不久又扭向左边，似是在探寻着什么……

不，不是藤科植物！在林中未见到它们一片树叶，粗细也不均匀，它们虽然错综复杂地拥在这片林中，但并不互相缠绕……

这些如蟒、如树、如藤的植物似是大画家，用铁线在林中勾勒成了无数象形的图案。这些图案都是立体的，又是抽象的。只要变换一个角度，象形立即起了变化。

我回头望着老林，希望他给我一个说法，可他却只说："你用手去摸摸。"

在热带森林中，朋友兼着向导常常善意地戏谑让我上当，吃点小苦头。有种叫火树麻的树，只要你摸它一下，那手就像被红炭所灼，要疼好几天。有过这样的经历，我当然不会贸然用手去摸。姑且称它为树吧！乍看，树干上一环一环的，很像棕榈科的，表皮既无粉状物，也无黏液溢出……

老林大约看出了我的心思，伸手就抓住了树干，我当然也就解除了顾虑。但我仍然不能判定它为何物。

老林将我领到树林外。大海就在脚下，算是风平浪静，只有微波轻轻拍岸。海岸为土质，被浪拍打得龇牙咧嘴，没有红树林的护卫，海岸的崩溃是必然的。我以为老林是以此向我说明红树林在保护自然中的作用，谁知他却指了指旁边的一棵植物问我："它叫什么？"

"这不是野菠萝吗？"

"真的？你再瞅瞅。"

菠萝，又称草菠萝，学名为凤梨，是南方著名的水果。栽种在地里时可看到如剑兰一般的一蓬蓬叶子，果实坐在其中。这棵野菠萝只不过根或是茎——现在还无法分出，姑且称之为根吧——长得特别高，大约有七八十厘米，像是竹竿顶起了一蓬叶子，也未见到果实，但我能确信它是野菠萝。突然，根上的一道道环形纹引起了我的注意。

"你再去林子里看看。"

一语点醒梦中人。我大步折回，循着那些如蟒如藤如树的东西看去。不久，秘密被发现了，在它的顶端，树林的上空，交错的隙缝中，我看到了它们的叶片。

"野菠萝?"

"还能真是蟒蛇?或者是未被发现的新品种?"

是的,林内湿润、高温,给了它充足的发展条件,但这片树林似乎是和它同时在这片土地上立足。树长高了,树冠浓密了,它为了争夺那有限的阳光,就必须和树林竞赛——生存竞争的法则使它无论如何也要攀上森林的上层。只有到了上层,它才能获得那充足的宝贵的阳光,才能生存、发展、壮大!

野菠萝的根也就如躯干一般,委曲、迂回地朝着目标前进!

我们的民族喜爱将松、竹、梅称作"岁寒三友",以喻高风亮节。竹始终象征着铮铮铁骨,不折腰,不媚颜。可是,我在海南的中和镇见到了刺竹,为了适应干旱的沙质土壤、气候,它不得不长出刺来。在热带雨林中,我见过藤竹,同样是为获得阳光,它必须折节俯首在大森林中伸出枝叶去寻取阳光。

大自然将无比深奥的哲理隐含在它的万千气象中,也表现在它的臣民的身上。

├ 天崩地裂

顷刻之间,世世代代生活在这里的 72 座村寨一下沉没,桑田成了沧海。

眼前豁然开朗，无尽的大海如明镜一般。水是蓝的，天是蓝的，衬得飞行的海鸥格外洁白。

船突然掉回头，减速。在海上远眺东寨港，像是海岸线突然凹断，留下了偌大的港湾，但在断线中似乎又还若隐若现地留下了一点海岸的影子……

"你看海，往里看，看看有没有什么新的发现。"老林说。

我有点愕然，难道海底有怪鱼、怪兽，抑或是红树林？难道红树林真的能生长在海底？就如海带、海藻、海菜一样？

但我还是向船边的海看去，把眼睛睁得大大的。虽然可称得上风平浪静，南海的水透明度也高，但海的涌动、船的行进还是引起波的起伏。眼睛都看酸了，看疼了，也未见到可称为奇鱼怪兽的东西。很失望。正当我要扫兴结束时，突然看到一只海龟不紧不慢地游进了视野，它脖子伸得长长的，圆盖形的身体下四只足非常有韵律地划动着。我连忙报告这一惊喜的发现。

老林说："那不是海龟，是玳瑁，它背甲上的花纹明丽、艳亮。"

真的，它像是嵌在蓝宝石中……

"你再往海底看……抓紧时间。风已来了。"老林顽固地发出指示。

我再努力，但始终没有看到什么，似乎又看到了点什么。我加倍努力，希望能看清那似有若无、无法想象的景象……突然，船颠簸了一下，接着就摇晃起来……

风来了。

"看样子，你无缘了……"

我很迷惘，但感到他有惊人的故事，连忙向他追问。他不作答，反诘问我：

"再好好想想，是不是看到了一点房子、桥、村寨的蛛丝马迹？"

经他这样一说，我有些犹豫了；但我确实无法断定看到的似有若无、似像不像的景象究竟是什么，只好如实相告。

老林像位很有经验的说故事能手，他说："话说 300 多年前，这里发生了一件惊天动地的事。准确一点，是 1605 年 7 月 13 日，发生了 7.5 级的大地震，就是史载著名的琼州大地震。"

"发生了海啸和沉没？"

"不错。那真是山呼海啸、天崩地裂。顷刻之间，世世代代生活在这里的 72 座村寨一下沉没，桑田成了沧海。这就是现在东寨港的由来。天气好的时候，渔民们常能看到村庄的遗址，还有石桥、坟墓、水井、舂米的石臼……水下探察证实了渔民们看到的是真实的、存在的。东寨港不仅是国家级红树林自然保护区，而且也是考古尤其是地震考古的重要地区……"

真是一段意想不到的故事！

在大自然中，你常常能读到令人拍案惊奇的文字。

难道它和这片红树林的生存还有着什么关系？

老林说："我懂你的意思，但我说不清它们之间有关系还是没关系。不过我可以告诉你另外一些情况。"

"这片红树林已有很长的历史了。目前，它是我国面积最大、品种最多、保护得最好的红树林。本次调查显示共有红树植物十五科、二十九种，大多是天然生成的。它们怎么来到这里？是谁最先到达？这片红树林的发展史正是我们在研究的。有件奇妙的事，可以说一说。"

老林让船又驶到红树林。在一片灌木丛中，他指了棵小树问我认不认得。

我说："像椰子树。叶片和身姿太像了。"

老林说："是水椰。这里过去从来未发现过。虽然我们也正在作少量的引种，也就那么几种吧，但却没有引种它。其他的，都是建立保护区时就土生土长在这片海域。科学家称这里是我国最重要的红树林基因库。水椰的种子和椰果一样，椰衣抗海水侵蚀，海绵状的结构使它能在恶风险浪中总是浮在水面。这里没有水椰，整个海南都没有！但两年前，我们突然发现了它的幼苗已跻身红树林中。显然，它是从遥远的热带海岸来，经过千难万险的漂流，神奇的大自然或是生命的本质的追求使它在这里安家落户，繁衍水椰的家族。"

三五只红隼、游隼在蓝天中盘旋。游隼特别活跃，不断用飞行姿势向同伴传递信息，看来是在进行一场围猎。

一只麻纹特别鲜亮的游隼突然往下猛扎，掠过红树林，再爬高时嘴里叼起了一个小动物。

老林说，像是树鼩。

树干上的水迹说明已开始退潮了。

┠ 月夜海猎

"不把牡蛎当石蛋了？"

"怎么可能哩！"

新月清秀。

出了保护区，我们沿着一条小路往海边走去。才走一小段路，老林不走了，用电筒在路旁草丛中搜寻着。草丛中有着不平常的迹象——有条像被水流冲出的小道，草向两边披去，道上的草被压伏倒下。同行的小张惊叫一声：

"好大的一条蟒！"

我一激灵，猛地向前追去，只听前面响起悉悉窣窣声……

老林从我后面追来，一下抓住我的手："追不到了。这里还盛产金环蛇、眼镜蛇，剧毒。可别冒那个险。"

我只好怏怏而回。小张余兴未了，说起大蟒的种种故事。

船刚进入红树林，奇异的景象简直令人目不暇接。退潮之后，红树林成了根雕世界。每棵树都有十几枝根撑起，排成鸡笼罩形，护卫、拱托起主干。除了支柱根，还有呼吸根和气生根。红树就像是被架托起来。顶起树干的稠密的树根很似榕树的气根，只是主根并不十分明显。

我禁不住去摸了摸那些根，软软的，有弹性；用指甲剥开，见里面是蜂窝状，似海绵一般。我正在思索这种结构的意义时，老林说：“你别忘了，这里是海水，它们可不是你老家湖滩上的柳树。”

“为了淡化海水？”

“叶子上也有很多的排盐线，排除海水中的盐分。”

生存竞争的法则迫使生命需要作出何等艰难的改变！

潮水的起落，风浪的击打，还有太平洋上的台风……红树为了生存，历经了千万年的磨难，寻找到了特殊的繁殖方式、特殊形态的根系、特殊构造的树根，以抗击恶劣的环境，求得生存发展。

岛状的陆地裸露在红树林中，我们赤脚下水，在林中考察卤蕨、玉蕊、银叶……

小张的兴趣是在鸡笼罩似的红树根中搜寻，不断捡起什么往篓子里装。我走过去，提过篓子看，好家伙，已有数量很可观的虾了，又肥又大。他说：“大的是膏虾，稍小点的是斑节对虾。”

我生长在巢湖边，从小就对捕鱼捞虾有浓厚的兴趣。忙活了一会儿，没有收获，经受失败之后，我才注意他的行动。

小张总是先找红树根下有水汹处，然后先看看树根，再伸手到水函。有时，一个小水汹有四五只大虾。不一会儿，我终于捉到了第一只虾，但被它犁形的头刺蛰得出血。虾特大，透明的，那些细足噌噌作响，拼命挣扎、报怨。小张说："虾王让你逮着了。"

老林另有绝招：将电筒的光照在海面上。南海的水透明度高，光的穿透力强，不一会儿他就抓住一只大蟹，青色的。这位横行将军非常愤怒，骨碌着眼球，吐着白沫，一只大一只小的螯剪大张着口左右寻找对手。老林才不管它这一套，吧嗒一声就扔进篓子了。

电筒的束光在水下成了圆圆的光晕，很像是舞台灯光，浮游生物、小鱼小虾都登上了舞台。在这寂静的夜晚，海里却是一片繁忙的世界。一条大鱼闪电般穿过，那急急忙忙的样子像是在追赶着什么。青蟹在水里游动时速度并不快，像是闲散地漫步，一副悠闲的派头，让人不忍心去破坏它的雅兴……

各种昆虫在电光的诱惑下也纷纷闯进了光束。它们不仅捣乱，扰得你无法看清水中的世界，还往你脸上扑，身上叮，叮得脖子、脸上奇痒。老林说："你别老是待在一处，应勤换地方……"

我往闷声不响、一心捕猎的小张那边挪去。我的电筒光圈的舞台上突然游来一条又粗又长的蛇。小张眼尖，伸手就去抓。我知道海蛇都是毒蛇，连忙将他身子一推。他立足不稳，顺手抓住我，结果我们两人都跌到水里。

小张气急败坏地护住鱼篓，连忙站了起来，我却索性坐在水中……

"怎么啦？你这个老刘？"

"那是蛇，有毒！"

"嗨！你放跑了多大一条蛇鳗！我都好几年没吃到这稀罕物了。"

"蛇鳗？"

"是呀！真有你的。把蛇鳗当成蛇！"

我很懊恼。小张却赶快去检查鱼篓里的损失。老林见我像个落汤鸡，就说："回吧。"

小张说："还差一样。差了这一样，老刘是北方人，可要说我们小气了。"

"回去的海边也有。"

"没这里的肥。"

小张在前领路，像是往自家的菜园走去，充满自信地曲折向前。林间突然出现了一片礁石。礁石上长满了疙瘩，那模样像是饱经沧桑……

"嚓"的一声，不知什么时候，小张已用铲子铲那疙瘩。铲下一个就往另一个篓子里装。这是在采矿？只听说南海有宝贵的珍珠——海珠，难道这是珍珠？

是藏着珍珠的蚌类？不像。

那一坨坨的模样……还能是恐龙蛋化石？我的心怦怦跳。难以料想的事层出不穷。

我急忙用手去扳那灰色的石疙瘩，牢固哩，只能再用劲……

"当心割破手！"

老林的话未落音，我已疼得在甩手了，四五个血口往外淌血。没想到其貌不扬的灰头土脑的家伙浑身长着这么多锋利的牙齿。老林连忙走过来，我将手背到后面："没事，没事。"

"放海水里洗一下。腌得疼，但能消毒。"

还是瞒不了他。手往海水里一放，那真是伤口上搓盐，疼得我头上冒汗。但血却是止住了。

只有一把铲子，我和老林只好旁观。他拿起一个灰土坨坨放到我手里："你知道它的名字，但不认识它。"

我小心地拿着，仔细端详，看出它隐约有如蚌的纹色。可以肯定绝不是什么恐龙蛋化石。但这样的蚌不算大，长不了珍珠。我找到了缝口，小心试了几次也未掰开，有了惨痛的教训，当然更不敢用蛮力，只好捧着这个闷葫芦……

"我给你提个醒，法国的小说中描写贵族们的宴会常常提到它……"

"牡蛎？"

"你不相信？"

真要刮目相看了。竟然有如此之大？一副难看的面孔中却隐藏着这样的美味？

"保护红树林，是保护一种高能量的生态。红树林的环境养育着丰富的海产。我们今天只是手工作业，无法捕到这里盛产的石斑鱼、鲈鱼、立鱼……若是带了渔具，我们三个人都提不走捕到的鱼虾。"

我感谢老林的安排。捕虾、捉蟹以及铲牡蛎，都是为了让我对红树林有深刻的了解。

……

我冲了个凉，换了干净衣服出来，桌上已摆满了虾、蟹。还有一只大盆，盛满了一个个水包蛋——当然不是水包蛋，但两者太相像了——我知道那是牡蛎。

老林说："喝点烈酒吧，驱驱湿气，要不容易感冒。"

海鲜、海鲜，只有鲜活的鱼虾才鲜。我喜爱吃海鲜，但从未吃到过这样的海鲜！对于海蟹，我一直兴趣不大，因为那味道和我的故乡出产的毛蟹简直无法相比。进攻的目标首选牡蛎。

老林说："还是先吃虾、蟹。先吃牡蛎，虾、蟹就没味了。"

可是，已晚了，含在嘴中的一个牡蛎不知怎么一下已滑进了肚里，只觉得它嫩嫩的、软软的、滑溜溜的。我并没有打算如此狼吞虎咽，大约是太滑溜的原因。既然如此，何必再按老林说的进食程序。这次，我要吃得仔细一点。但刚想咬开时，它又无声无息毫不犹豫地滑进了肚里。肚里像是具有强大的吸引力。

小张说："你吃坏了肚子可别怨我。"

老林索性停止吃虾，只是眯缝着眼旁观。

看样子，需要认真对待了。我小心翼翼地用匙子舀起一只牡蛎，雪白的蛋白，椭圆的、润润的，若是不说明，和水包蛋简直无法区别。轻轻咬开，黄的、黄绿的如嫩蛋黄的流质汪了一匙。嗨，美味原来在这里！我用眼光询问老林：这是什么？

小张说："那不能吃，是肚肠肠！"

真扫兴，本能的反应是要立即吐出，可它的味儿是那样鲜美，鲜美得眉毛都打战战，但小张的话又让人恶心……

老林突然鼓掌大笑："行！你不愧是勇敢的美食家。"

原来，不知不觉中，我已将白的、黄的流质全部吃完。

我有些丈二和尚摸不着头脑。

老林说："那是牡蛎的精华，是膏，犹如蟹的蟹黄。蚝油就是从那部分提炼出来的。这里人叫牡蛎为蚝，也叫蠔。"

小张笑得眼角挂灯笼："我服了，老刘！听说你去过很多危险的地方，吃过很多苦。现在我信，你明天想去红树林什么地方，我都会很高兴陪你去。"

没想到吃牡蛎吃出了信任，吃出了朋友！

以后的年月，我还去过几次海南。每次，朋友们都要请我去东寨椰林吃海鲜。那地方虽然离保护站有一段路，但仍在保护区内。我为了去看红树林，每次都欣然去了，然而再也没吃到过那样的美味海鲜。月下红树林摸虾捉鱼、误将蛇鳗作海蛇跌坐在海水中……尤其是牡蛎的美味，都时常诱惑我再去红树林。

今年2月，春节刚过，我应邀又到了海南。林业局保护站的云大兴站长来和我商量考察计划。尽管时间很紧，要去的地方多，但我仍然毫不犹豫地说第一站去东寨港红树林。

雨一直下个不停，车只好冒雨前行。当年颠簸的土路已为高速公路替代。到了美男镇，面目全非，裸露出一片红壤平地。大兴说："这里正在兴建新的大型国际机场。"更让人惊奇的是"美男"被改成了"美兰"。大兴说："可能是有人嫌它俗了。"其实，好就好在这里，若是保留"美男"的名称，肯定要不了多长时间，全世界都知道有个美男飞机场！

保护区的所在地也变化得让我无法分辨。它的旁边立起了一座豪华的宾馆和海鲜馆。老林和小张也都调到别处工作了。

天公作美，雨渐渐停了。啊！红树林的面积已比十多年前大大拓展了，在烟雨茫茫中和大海连成了一片；尤其是西边，已一望无际。树长高了，浓密的树冠泛着暗绿色，表明它们在极好的营养状态中。

"现在还有人要毁林搞养殖吗？"我问。

"没有了。等会儿可去东南面看看。一条海堤上全是海鲜馆。丰富的海产说明，保护好红树林，不仅保护了自然，还保证了海产的丰富，保护了海岸、村寨，防止了风灾。效益是最好的老师！"

1992年，红树林又被列为《关于特别是作为水禽栖息地的国际重要湿地公约》中的湿地，每年冬春都有科学家来这里观察越冬的水鸟。

在繁多的水禽中，有种黑脸琵鹭是稀有鸟类。整个亚洲，目前观察到的也只不过几十只。几年前，有人发现有三四只来红树林越冬。香港的一位专家得知这消息，每年都来观察。

保护区的技术员说今年来了3只，就在西南面那片树林。

"现在就去?"大兴问。他听说过十几年前的故事。

"当然!"

"晚上还去?"

"绝对!"

"不把牡蛎当石蛋了?"

"怎么可能哩!"

后记：

关于1605年7月13日琼州里氏7.5级大地震与红树林的关系，老林没有给出明确的答复。

数年前，在海南上山村发现一古石碑，碑文开头文字如下：

盖奥稽古帝王发仁政以安民创事业以兴邦故吾今思地陷空暇粮米无归要众助力种茄桩以扶村长久奉官禁谕戒顽夫于刀斧损伤特为遵照

以下是种植、保护红树林的具体措施，对损害红树林的惩罚具体规定。

"茄椗"是古代当地居民对红树林的统称。

此碑立于道光二十五年，即公元 1845 年。

这是我国迄今发现的最早的保护红树林的条例。在国际上也是具有重要意义的。

碑文一开始就引 1605 年大地震为戒，警醒人们要种植、爱护红树林，以保护自己的家园，建立人与自然和谐的关系，只有这样才可能繁荣昌盛。大地震虽然已经过去了 200 多年，但人们代代相传，记忆犹新，可见那次陷落 72 座村庄、山崩地裂的可怕景象的影响。因而这种警示也就特别有力！